5G
×
AI 时代

·生活方式和市场的裂变·

【日】安冈宽道 稻垣仁美 木之下健
松村直树 本村阳一 ◎ 著

吕灵芝 ◎ 译

中国出版集团　现代出版社

前　言

市场①的模式时刻需要进化，迫使其进化的一大原因，就是新的技术。引进新的应用程序和界面，为用户提供方便快捷的体验，并且对价值链进行相应的变更，这将是市场面临的永久性课题。

今后一段时间，市场需要面对的最重要的因素，就是AI与5G。

那么，在 5G×AI 的时代，存在什么样的进化可能性呢？

举个例子，"魔镜"可能成为需求量堪比智能手机的产品。用户只需照照镜子就能分析皮肤状态，发现肉眼看不见的细纹，还可以在镜中模拟最适合自己的化妆手法。另外，用户可以从中选择一种妆容，用来搭配当天出席场合的服装。

---

① "市场"的定义随时代而变化，从制造、关系到社会价值取向，定义的范围越来越宽泛。不管怎么说，它都是为了"畅销"而从顾客的视角展开的创意与机制构建。也就是说，市场就是企业等组织从事的一切活动，都为了"创造顾客真正需要的商品和服务，传递其信息，让顾客有效获得其价值"。另外，它还主要指代分析顾客需求、创造顾客价值的经营哲学、策略、机制和过程。

再继续发展，还可能出现化妆贴，只需"印刷"出程序选择的最佳妆容，简单"粘贴"即可完成化妆。只要具备能够正确捕捉细纹位置、大小和妆容浓度的图像处理技术、通过喷墨器处理化妆颜料的材料学技术和使用颜料正确模拟皮肤颜色的打印技术等，就可实现化妆贴的印刷。如此一来，化妆将无须"涂抹"，只需"粘贴"。

或许，"魔镜"还会登录智能手机和平板电脑，成为你的管家，能够随时随地使用。

"智能镜"和"化妆贴"并非痴人说梦，比如松下正在开发的"Snow Beauty Mirror"就是逐步走向实用化的商品。

在 5G×AI 普及的时代，这种新市场模式将会不断出现，并彼此竞争。本书的主旨就是提供一些线索，探讨哪些新模式能够得到人们接纳，并在社会上沉淀下来。为此，本书将通过"产业分类"和"功能分类"两个角度，介绍 AI 与 5G 普及时代的市场模式（包括解决方案）。

7个主要概念

实时匹配	协同/共享	物联网/通过自助服务实现自动化
个性化/定制化	动态需求预测/定价	MR化/Live化	OMO建议

8个补充概念

XaaS	X-Tech	评分/信用评估	虚拟化身/代理化
多端化	无缝支付	智能镜应用	城市智能化

图 5G×AI 时代的关键词

目 录

PART 3　产业类解决方案

PART 4　功能类解决方案

1

5G × AI
能改变什么

●顾客行动与企业活动的同步化

此前的市场数字化让客户体验之旅（顾客行动流程）与价值链（企业活动流程）的同步变得更简单，因此不断促成新模式的诞生。将吸引顾客的故事与商品／服务的策划、销售、跟进过程匹配起来，创造出全新的客户体验。其主战场就在智能手机和社交网络。

今后，AI 和 5G（第五代移动通信技术）也会加入其中，还会运用各种技术，形成新的数字化市场①概念。

---

① 所谓"数字化市场"，是指数字化销售的机制，以及完成交易到数据验证（下一次机制创建）的一连串流程。具体来说，数字化市场是指通过 IT（主要为网站）向目标群体提供数字化的商品、服务等珍贵体验价值，并将其结果数字化，通过 IT（主要为分析系统）进行验证的所有相关事物。

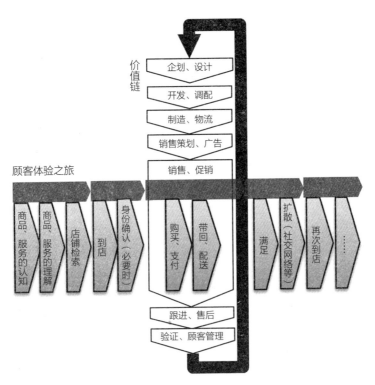

图 1-1 顾客体验之旅（顾客行动流程）与价值链（企业活动流程）

● 5G 能改变什么

　　在 21 世纪 20 年代的信息社会，预测移动通信的通信量会比 21 世纪 10 年代增加 1000 倍以上。5G 能够低成本、低电耗且高度可靠地实现相应的网络系统扩容。其功能范围极广，可对应 10Gbps 以上的超高速通信和低延迟、IoT（Internet of Things，物联网）/IoE（Internet of Everything，万物互联）的普及和随之而来的多终端连接。

在 5G 网络中，时长 2 小时的电影（视频信息）只需 2 秒左右即可完成下载（4G 网络需要 8.4 分钟）。5G 网一旦普及，用户可以通过智能手机随时随地流畅地观看视频，也无须担心容量限制问题。这对所有产业来说，既是商业机遇，也是危机。

比如，通过 5G 发布的视频内容品质接近电视播放，广播电视行业将会面临巨大压力。虽说现在人们已经普遍使用智能手机来播放视频，但其用户偏向年青一代。一旦进入 5G 时代，视频内容质量提高，人们除了手机，还能通过电视画面观看体育赛事直播等内容时，这种方式会更为大众化。

表 1-1

移动通信技术 （主要通信规格）	年代 （普及时期）	特征	2 小时视频的下载时间（估算）
1G （AMPS）	20 世纪 80 年代	初期移动通信 （车载电话、肩挎电话）	—
2G （GSM、PDC、D-AMPS、EDGE ［IMT-2000］）	20 世纪 90 年代	可收发短信 （主要用于通话的手机普及）	超过 181 天

移动通信技术 （主要通信规格）	年代 （普及时期）	特征	2 小时视频的下载时间（估算）
2.5G (CdmaOne［IS-95］)	20 世纪 90 年代后半期	通话品质提高 高速数据通信成为可能	超过 27 小时
3G （CDMA2000［IS-2000］、W-CDMA）	21 世纪	可浏览网页 （可收发邮件及联网的手机普及）	
3.9G （LTE）	21 世纪 10 年代前半期	智能手机普及 （3G 与 4G 的中间阶段）	超过 20 分钟
4G （LTE-Advanced、WiMAX2）	21 世纪 10 年代后半期	观看视频行为普及化 （智能手机与平板电脑普及）	超过 8 分钟
5G （TS23.501-503）	2020 年以后普及	最先进，超高速、大容量，超多终端连接、超低延迟、超高可信度	2 秒以内

另外，在无线领域，5G 可以保证无延迟连接网络，从而能够即时操纵机器人。如此一来，东京的名医或许就能为偏远地区医院的患者进行远程手术。不仅医疗、建筑土木、生产现场都能远距离实现工匠技艺在线操作，并且机器人和无人机的介入，可以让危险作业变得更轻松。在可视电话（Skype 等）领域还能实现身临其境的感觉，与对话者共享空间感。此外，

因为可以更快速且正确地完成大容量通信，更容易形成优质数据，这些数据的应用也会随之进化。

其实已经有人陆续指出下一代（6G）能够实现的成果，但我们先以 5G 为中心展开探讨。

● AI 能改变什么

AI 应该如何应用在市场上？

AI 擅长"匹配"。它通过收集各种数据完成深层学习，从而选择最优选项完成匹配，因此可以提高推荐功能的精确度（但需要由顾客来选择）。

另外，AI 应用还能带来物流和价值链的革新。如果能够选择并匹配最优选项，价值链要素的替换也就变得更加容易。换言之，我们可以将价值链的各个过程商品化，从而更容易分解。

如此一来，专业性高的中小企业和个人更容易进入价值链中，大企业也更容易应用他们的专业性。以前因为行业不同而被漏过的类似专业技术（比如生产工序和处理装置等）也更容易得到应用。个人等非既存厂商也可以通过 3D 打印的应用成为厂商，进而成为过程中的一环。

这种变化的一个模式，就是将多数城镇工厂集中起来，有可能以虚拟联盟的形式运作。此时，可以将收发订单、配送管理、售后跟进纳入虚拟联盟，分配给不同企业，从而更容易形成各个方面最优资源的虚拟联盟。

最优匹配在人才方面也大有作为。它可以匹配或提示候补最优人才，从而有可能解决员工不足的问题。此时，非全职工作的副业、兼职及多岗位（在 2 个以上地方工作）的工作方式也变得更容易实现。然后，流动性非定居型的专业人士应该也会登场。如此一来，完全使用单一企业资源负担人才成本的需要就降低了。

AI 还可以广泛应用在资金筹集方面。它可以优化资金筹集方与供给方的匹配，从而可以提高众筹等方式的成功率。

另外，后勤部门等需要通过人工操作的业务也能够通过RPA（Robotic Process Automation，机器人流程自动化）等实现自动化。让应用了 AI 机械学习等认知技术的机器人代替人工操作，可以实现效率的提高和自动化。

● 5G×AI 能改变什么

在 5G 通信环境中，AI 的应用将会加速。因为 5G 能够进一步存储各类数据，使其大数据化，此时导入 AI，就能够更迅速地自动优化，匹配人、物品、钱、信息、场所、空间，甚至时间（过去—现在）。

5G×AI结合后实现的匹配功能提高可以促进中小企业策划者、开发者、销售者、顾客管理业及城镇工厂等要素的一体化，使其可以匹敌大型企业。当然，大型企业的其中一个部门也可能参与进去。

这种虚拟联盟由AI连接起来，可以实时把握生产和运作情况，及时发现不符合需求预测的非正常事态，并且发出警报，使人们得以事先思考出对策。

另外，还可以通过社交网络等收集世界各地人们的意见与召集合作者，展开非定型的市场调查，不仅不会局限于国内，还能及时发现国外的需求。远距离合作者的发言、评论、聊天等也能通过AI自动分类，适时进行任务管理、信息检索。双方交涉时，能够通过自动翻译功能，迅速完成从交涉到签订协议的步骤。

实时匹配功能还有望应用在人才方面。假设随时可以进行分时间段的人才匹配或提示候补，或许可以促进工作形式、生活方式的改变。

另外，上文提及的资金筹集方与供给方的匹配可以在接近实时的状态下发展成一站式步骤，使得众筹等成功率进一步提高。

当这些数据逐渐积累起来后，还可以根据人类的精神与感觉匹配商品和服务，进而生成业务过程，能够毫无异样感地为所有人接受。

这些工作将无一不被整理到数据库中，其信息可以通过AI介绍并传播给其他人、其他企业、其他地区，面向个人及企业单位，形成不仅是物，而且也包括事（经验）的市场，从而对城市以及地区的活性化做出贡献。

5G × AI 时代的
关键概念

● 7 个主要概念与 8 个补充概念

在 AI 与 5G 普及的时代（近未来），以前近乎梦幻的服务将成为可能，新的市场概念将广泛传播。粗略整理分类之后，可以归纳为以下 7 点。其中有很多是一直以来都备受关注的概念，但是其精确度和真实度将得到提高，并且进一步实用化，促进共创社会的实现。

①实时匹配

②协同 / 共享

③物联网 / 通过自助服务实现自动化

④个性化 / 定制化

⑤动态需求预测 / 定价

⑥ MR 化 /Live 化

⑦ OMO 建议

AI 与 5G 还可以同其他技术（例如区块链）相关联，实现新的市场。以下 8 项（尤其是第 8 项）能够成为上文①—⑦项市场概念的补充概念。

① XaaS

② X-Tech

③评分 / 信用评估

④虚拟化身 / 代理化

⑤多端化

⑥无缝支付

⑦智能镜应用

⑧城市智能化

● 7 个主要概念

①实时匹配

【跨越时空的实时匹配】

　　应用 AI 与 5G 技术，首先能够实现的功能就是实时匹配。所谓匹配，如图 2-1 所示，就是将一方与另一方搭配起来。举个例子，如果希望快递物品不送到自己家中，而是在下班时间送到公司，在 5G×AI 环境下，这种人、物、时间与场所的匹配将会变得更容易。另外，它也许还能马上促成具备各种功能的虚拟联盟。进一步说，它可以跨越时间与空间，将人、物、钱、信息实时匹配起来。例如用全息影像投影技术再现已经去世的祖父，让他讲述专业知识，以帮助孙辈的教育。

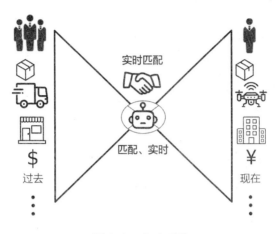

图 2-1　实时匹配

【通过区块链实现共识匹配】

匹配功能的进化还能促进区块链的实用化。

所谓区块链，是指以比特币等虚拟货币（数字资产）为核心的"交易数据"技术。交易数据的记录被称为"交易"（transaction），整合了多个"交易"的数据集成则称为"区块"（block）。保存下来的交易数据区块像链条般串联起来，就成了"区块链"（block chain）。

区块链并非由企业集中管理，其管理形式本身就很"分散"。由每个用户进行管理的形式称为"P2P"，也称作"分布式账本"。

因为由用户进行管理，它往往不适合一个企业留住客户。具体来讲，由于它需要通过多数用户确认"正确"，才能使交易成立，因此需要一定时间，但是这样一来，单一企业恣意评价或他人篡改就变得很难，最终只分散保留了多数用户确认过的共识信息。为此，它不仅可以解决虚假评价问题，还能将这些共识评价应用在数字化市场上。

②协同／共享

【不同行业间的合作协同】

所谓协同，是指"一同工作""协作"之意，也就是"合力／共同作业""合作"的意思。其中还包括不同行业间的价值链合作，可以通过5G×AI促进合作深度与广度。

【以 API 等为媒介的共享】

所谓 API（Application Programming Interface，应用程序插件），原本是指使用某个软件 OS（基本软件）功能的规格或是界面。但是最近，从外部使用网站功能的界面也开始被称为API（Web API）。开放 API，让各个企业能够自由应用，将可能实现各种发展。目前普及的代表性案例是企业主页上显示公司地址时应用的谷歌地图 API。此外，LINE 上可以查询银行余额的功能也是通过与用户方 ID 挂钩，将网银部分功能作为 API 应用的结果。

　　以上案例都是企业共享公开的 API，主要是企业间的行为（B2B），但更多案例主要发生在个人间（C2C），由提供者与使用者共享物、场所和移动手段等内容，比较接近租用。另外，以 C2C 为中心的民宿、拼车、众包、众筹等事业已经在蓬勃发展。有了 AI 和 5G，就能够实时匹配这些资源，促成 C2C 交易。

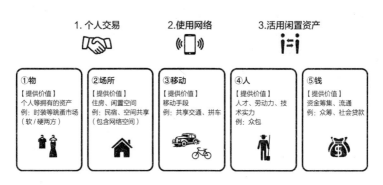

图 2-2　共享经济

③物联网 / 通过自助服务实现自动化

【物联网】

　　所谓物联网（Internet of Things），是指整合了传感器和通信功能的物品（Thing）通过网络与各种物品（Things）相连，自动完成信息交换、功能补充和共生的状态。它可以实现由机器收集数据把握状态，在系统整体最优化的管理下引导，通过积累并分析数据获得新的认知，以及开发、提供新的解决方式。

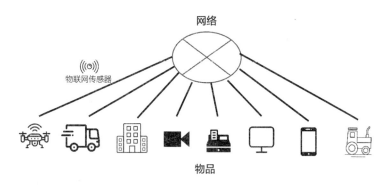

图 2-3　物联网（Internet of Things）

在网络上，SNS（社交网络服务）是连接人与人的"P2P"服务，连接物与物的则是"M2M"服务，将其自动化，就成了物联网。不经由人手，而是经由网络，对一切物品有机对应的机制一旦发挥作用，不仅能使用既有的云端电脑进行信息的收集和处理，还更容易普及在接近使用者的边缘端处理数据的边缘计算。因此，物联网在 5G×AI 环境中极有可能进一步扩大应用范围。

【通过自助服务实现自动化】

像 Amazon Go（亚马逊无人便利商店）等已经投入使用的"无人收银"那样，自助服务作为减轻收银排队压力和顾客在店压力的尝试，不断发展。被便利店引进的自助收银便是其中一个例子，这种尝试正在推进服务的自动化。

④个性化 / 定制化

针对不同顾客提供独特商品和服务的个性化响应在 AI 的作用下可以提高精确度，并且可能实现实时响应。根据登录信息和行动记录等数据，不仅可以提供物质方面的响应，还能提供服务（事）和顾客体验（CX：Customer Experience）这样的顾客体验价值，使得针对每一位顾客的个性化响应范围变得更广。

此外，为满足顾客个人愿望，提供商品和服务的特殊定制方式，也能够随着 AI 的发展不断进化。

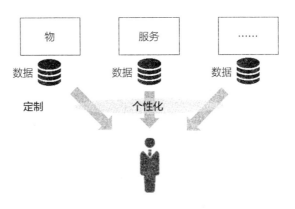

图 2-4　个性化 / 定制化

⑤动态需求预测 / 定价

所谓动态定价，就是根据供需关系灵活设定、变动价格。通过价格变动，可以调整需求。需求集中的季节和时间段可以提价抑制需求，需求减少的季节和时间段可以降价刺激需求。航空机票、酒店住宿、收费道路、电力等领域已经在使用这一系统。

为进一步提高精确度，就需要实时预测需求。为此，要应用需求相关的各类大数据，通过 AI 等技术进行分析，动态并准确地预测需求量，以设定最优价格。

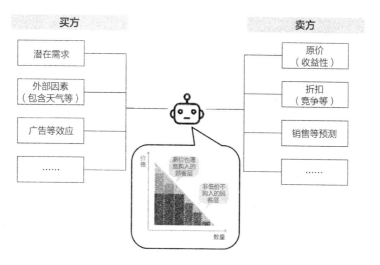

图 2-5 动态需求预测 / 定价

⑥ MR 化 /Live 化

所谓 MR，是指 Mixed Reality（混合现实），是 VR（Virtual Reality，虚拟现实）和 AR（Augmented Reality，增强现实）技术的复合形态。它属于应用 IT 融合现实世界与虚拟世界的技术之一，可以在眼前的空间显示各种 3D 信息，令虚拟世界的感觉更真实。也有人将 VR、AR、MR 统称 XR，本节单独强调 MR 的作用。

此外，Live 化是指通过直播镜头现场直播，让人感觉身临其境。一旦 5G 普及，这一技术的应用范围将更加广阔。

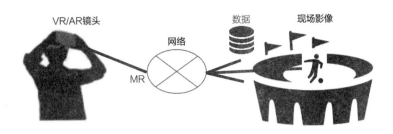

图 2-6 MR 化、Live 化

⑦ OMO（Online Merges with Offline）建议

OMO 就是线上线下融合，两者不再有界限，为提供更好的 UX（User Experience，用户体验），在恰当的时机使用以数字数据为起点的最优渠道。这是超越在线下实体店铺应用线上顾客行动数据的 O2O（Online to Offline）的方法。目前，先进企业已经开始推进 OMO 响应，在 5G×AI 环境下，这一进程将加速，届时无须再区分线上线下，可以综合提出建议。

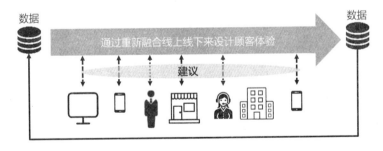

图 2-7 OMO 建议

• 8个补充概念

① XaaS

所谓 XaaS，就是一切皆服务。指通过网络服务的形式远程使用构筑、应用信息系统时必需的资源（硬件、线路、软件执行环境、应用软件、开发环境等），以及这种服务和事务模型。

它通常采用订阅的形式，即一直以来通过买入、缔结长期固定使用协议来应用的各种资源可以在网络上以服务的形式在必要时使用必要的部分，并根据实际成果支付费用，因此推广了"软件即服务"（SaaS: Software as a Service）的概念，是可以应用在各种要素上的用语。

XaaS 所包含的概念除 SaaS 以外，还有提供软件执行环境的 PaaS（Platform as a Service）和提供虚拟服务器线路等硬件环境的 IaaS（Infrastructure as a Service），以及提供服务的硬件环境 HaaS（Hardware as a Service）等。

最近，越来越受到关注的 Maas（Mobility as a Service）是将汽车（公交车、出租车）和铁路等多种移动手段整合成一种服务的形式。近年开始普及的共享汽车也是该形式的服务之一。

由此可见，"X"可以对应各种事物，它们最终都会归结为"aaS（as a Service）"。

另外还可以考虑 REaaS（Real Estate as a Service）这种

应用不动产×IT的新型服务，以及丸井集团推出的"不买东西的店"这种Paas（Product as a Service）等以物品使用为中心的服务，XaaS的范围（将X置换为其他词语）正在不断拓宽。

② X-Tech

我们很久以前就开始听到金融界的Fin-Tech（金融×技术），这种"现有产业"通过"新技术"焕发新的概念便是X-Tech。

比如Food-Tech（食品×技术）就是指不局限于食品生产、流通、餐饮产业，还要在新的视频开发中应用新技术。目前已经出现了众多创业公司，比如提供全营养面包和意大利面的"Base Food"，使用大豆等植物性原料制作人造肉的"Beyond Meat"等等。

与XaaS一样，"X"可以替换各种词语。例如Edu-Tech（教育）、Medi-Tech（医疗）、Health-Tech（健康管理）、Agri-Tech（农业）、RE-Tech（不动产）、Sports-Tech（运动）、HR-Tech（人事管理）、Legal-Tech（法律）、Fash-Tech（时尚）、Gov-Tech（行政）、Retail-Tech（零售）、Mar-Tech（营销）等。

③评分／信用评估

所谓评分，就是预测每个潜在顾客对企业将来"价值"的评价，并将这种评价量化排序的行为。评分结果也将成为营销和促销活动时筛选潜在顾客的指标。另外，信用评估可以说是计算个人在社会生活中的"价值"，以社会性概念为基础进行量化的计算也包含其中。

④虚拟化身／代理化

虚拟化身是指用户在网络虚拟空间的分身。线上游戏、聊天室、博客等都提供动物或动画角色虚拟形象，或是根据个人喜好调整面容和装扮的虚拟形象服务。今后应该能够在观光等现实服务设施中实现同样的表达。另外，最近还出现了将现实世界的事情完全还原在数字世界的"数字孪生体"（Digital Twin）概念。

另外，代理就是"代理人""代理店""中介""分销"等意思。在信息通信技术领域，代理是指代表使用者和其他系统完成工作，在数个要素之间进行中介的软件和系统。如果由AI来完成这些工作，代理效率将会得到提高。

⑤多端化

多端就是多种类终端能够同等使用相同的内容、服务及软件，并不只是终端"种类增多"的意思，而是指多种终端同时存在，又能够相互兼容（整合化）的意思。另外，无设备（device free）这一表达也近似于"用任何终端都可以"的意思。

⑥无缝支付

无缝支付就是指无缝（保持流畅状态）提供信用卡、二维码、电子货币、生物识别等无货币支付服务。在这里，它不仅是指狭义上的支付，还包括无缝提供现金券和积分等用户优惠服务。

另外，它还包括从支付的入口到出口，也就是从消费者购买商品到销售方（店铺）得到营业额为止的全面支付解决方案。

⑦智能镜应用

智能镜是指通过映出面孔和身体，直接完成医疗或美容诊断，进而提出建议的服务终端。它具备前言中介绍的"魔镜"的功能，能够在时装店（包含 EC）发挥虚拟试穿、智能搭配、尺码调整、店铺导购、激发兴趣等功能。

⑧城市智能化

这是使用尖端技术，高效管理应用城市整体能源、交通、行政服务等基础设施的概念。它能够促进地区整体优化，当然也能促成营销活动的优化。

综上可知，不仅是 AI 与 5G，能够变化为各种概念的关键词已经在坊间流传。这一切的背景，就是被称为"21 世纪石油"

的"数据"。连接网络的智能手机和传感器不断产生数据,并迅速膨胀成大数据,而且正在一点点影响社会、经济和产业。现在,基于这些数据的社会变革被称作"数据驱动型社会"或"数字革命",但真正的变革期,尚未正式开始。

表 2-1　15 个关键词与 50 种解决方案的关系（按产业和功能分类）

产业/功能 关键词（主要/补充概念）	1 零售商店	2 百货商店·大卖场	3 时装	4 餐饮店	5 运动·娱乐	6 娱乐设施	7 酒店·铁路·航空	8 入境旅游	9 外卖·配送	10 出租车
①实时匹配	○			●		○		○	○	○
②协同/共享		●			○		○		●	●
③物联网/通过自助服务实现自动化	○	○	○							
④个性化/定制化	○		○				○			
⑤动态需求预测/定价				○	○	○	●		○	○
⑥ MR 化/Live 化		○	●		●	●		●		
⑦ OMO 建议	●									
⑴XaaS		○					○			○
⑵X-Tech	○		○							
⑶评分/信用评估										
⑷虚拟化身/代理化		○	○					○		
⑸多端化						○				
⑹无缝支付	○					○	○			○
⑺智能镜应用			○							
⑻智能城市化										

（续表）

● = 主要、○ = 次要

11 快递	12 加油站	13 移动通信服务	14 教育服务（补习班、预科班）	15 外教课程	16 服务业（按摩、保洁等）	17 美容（护肤、化妆）	18 健康管理服务	19 养老·护理	20 医疗机构	21 保安（面向普通顾客）	22 自动售货机	23 停车场	24 汽车	25 家电产品
○				●	●			●	●	●		○	○	
○	●	●									●	○	●	
		○					○			○	○	○	○	●
			○	●	○	●	●				○			○
●					○						○	●		
	○				○			○	○					
												○		
													○	
			○	○			○	○	○					○
					○									
○		○	○	○			○							
									○			○	○	
						○								

产业/功能 关键词 （主要/补充概念）	26 定制品（住宅或汽车等）	27 能源设备	28 电力系统	29 农、林、水产	30 意外保险	31 人寿保险	32 金融（个人融资）	33 金融（企业融资）	34 资产运用	35 房产中介
①实时匹配			○	●			○		○	
②协同/共享		○	○			○		●	○	
③物联网/通过自助服务实现自动化	○	●	●	○	●	●		○	○	
④个性化/定制化	●				○	○				●
⑤动态需求预测/定价			●	○						
⑥MR化/Live化	○									
⑦OMO建议							●		●	
①XaaS										○
②X-Tech				○			○			
③评分/信用评估					○	○	○	○	○	○
④虚拟化身/代理化										
⑤多端化										
⑥无缝支付										
⑦智能镜应用										
⑧智能城市化		○	○							○

（续表）

36 经营顾问	37 研讨会·讲座	38 公共服务（社会保障、税务）	39 产品策划·开发	40 物流	41 销售策划·验证	42 广告制作	43 促销	44 积分·优惠券·支付	45 客服中心	46 客户支持	47 用户验证（问卷调查）	48 顾客信息管理	48 财务	50 人事
○	●		○		●	○	○	●	●	○			○	●
	○	●			○							●		
●	○	○	○	●	○	●		○	○	●	●	○	○	○
○			○	○	○									
	○				○							○	●	○
	○		●											
							●	○						
			○								○			
		○											○	○
	○		○								○			
									○					
							○			○	○			
								○						

PART

产业类解决方案

01 【零售商店】

OMO 高精度化
店铺运营成本减半

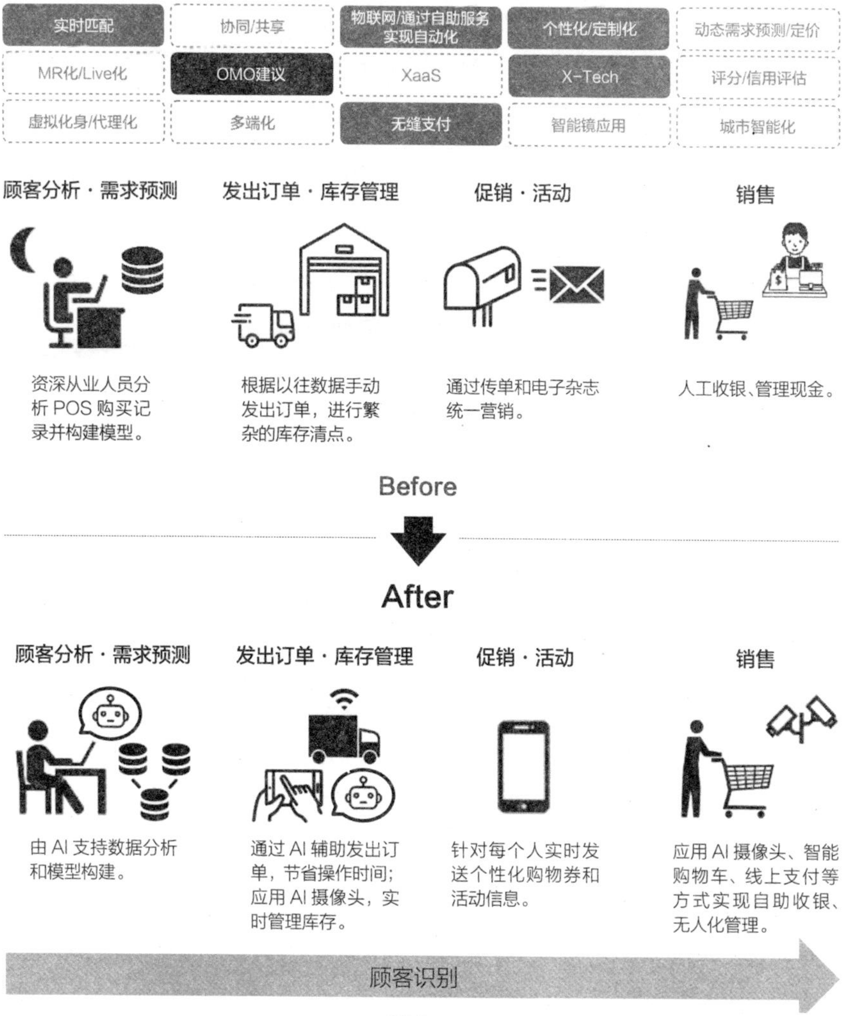

实时匹配	协同/共享	物联网/通过自助服务实现自动化	个性化/定制化	动态需求预测/定价
MR化/Live化	OMO建议	XaaS	X-Tech	评分/信用评估
虚拟化身/代理化	多端化	无缝支付	智能镜应用	城市智能化

顾客分析·需求预测	发出订单·库存管理	促销·活动	销售
资深从业人员分析 POS 购买记录并构建模型。	根据以往数据手动发出订单，进行繁杂的库存清点。	通过传单和电子杂志统一营销。	人工收银、管理现金。

Before

⬇

After

顾客分析·需求预测	发出订单·库存管理	促销·活动	销售
由 AI 支持数据分析和模型构建。	通过 AI 辅助发出订单，节省操作时间；应用 AI 摄像头，实时管理库存。	针对每个人实时发送个性化购物券和活动信息。	应用 AI 摄像头、智能购物车、线上支付等方式实现自助收银、无人化管理。

顾客识别 ➡

图 3-1

对零售商店而言，基于顾客数据分析和需求预测进行正确订购、库存管理、促销策划都非常重要。以往这些业务多为人工操作，订购终端电子化，以单品为单位进行库存管理。另外，传统的需求预测都由资深从业人员进行，培养人才需要花费很长时间，近年来则开始对往年数据进行分析和预测，在此基础上构建模型，以一定时间为单位展开行动。

此外，无人超市在中国发展较快，在人手不足成为问题的日本也有了一定发展。其中，某大型廉价商店集团在福冈开设的无人超市最受瞩目。店铺导入大量 AI 摄像头和自助收银系统节省人手，使经营成本降低了约四成。

今后，各种店铺业务都将导入 AI，零售商店的高精度化、省力化和无人化将进一步发展。比如可以与电子商务进行数据联动，获得以前在店铺内无法取得的数据，例如到店顾客一度拿起又放回的商品和不买东西时的行动数据等。通过精确度更高的需求预测，从 O2O（Online to Offline）到 OMO 的下一次购买推荐等也能实现高度发展。这些都属于 Retail-Tech（零售技术）之一。

零售商店的高精度化发展中，最为有名的就是亚马逊无人便利店（无须在收银台支付，可以直接离店的新型店铺）。这种发展在中国最为明显。比如阿里巴巴的生鲜零售店铺"盒马鲜生"，表面上看就是普通的生鲜超市，实际则兼具电子商务网站的仓库功能。电子商务网站接到订单后，店铺人员给商品打包，并放置在店铺货运点。商品通过天花板的轨道运往后台，交给配送人员，并在30分钟内配送给顾客。此外，使用电子收银条，电子商务与店铺不存在价差，人们会使用支付宝进行自助支付。

其竞争对手京东也同样开设了7FRESH生鲜超市，顾客可用专门的应用程序扫描店内购物车自带的二维码，使购物车能够自动跟随用户在店铺内移动。顾客完成商品选择后，购物车可以单独排队支付，用户可以选择在服务台领取商品，或是直接配送到家。在电子商务网站，只要位于店铺半径3公里以内，最快可以在30分钟内拿到商品。该公司计划3—5年内在全国开设1000家店铺，今后还要进一步普及。

除此之外，顾客支付时除了二维码支付，走进店铺时的面部生物识别也在推进。

这些店铺共同的特点，就是始于对顾客需求的多方面彻底分析。此外，将来在这些分析的基础上，不仅能够实时识别顾客，还能进一步个性化，实现实时商品推荐。

在店铺业务中，传统做法是按照类别陈列商品，顾客从中挑选符合需求的东西。但是在这些店铺，店方会通过数据分析把握顾客需求，并将相应商品按照合适数量上架，因此可以实现效率极高的店铺运营。

无人超市必不可少的AI摄像头和自助收银系统的生产成本正在逐渐降低，未来将会达到收益与成本相符的水准。

如此一来，零售业可以通过科技实现省力化、无人化、自助无缝支付、实时把握顾客行动、导入 OMO 等，从而提供全新的购买体验。

【新·顾客战略要点】

零售商店

🤖 应用 AI 摄像头、智能购物车和无现金结算实现自助收银的无人体验。

🤖 通过 AI 辅助发出订单，实现省力化；应用零售技巧的实时库存管理。

02 【百货商店·大卖场】

让展示厅现象产生收益
参照数据制作商品

实时匹配	协同/共享	物联网/通过自助服务实现自动化	个性化/定制化	动态需求预测/定价
MR化/Live化	OMO建议	XaaS	X-Tech	评分/信用评估
虚拟化身/代理化	多端化	无缝支付	智能镜应用	城市智能化

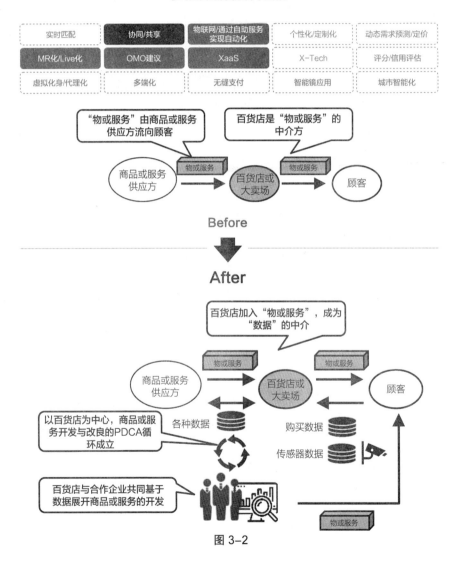

图 3-2

由于在实体店铺选定商品，通过价格比较网站选择最优惠的购买渠道进行实际购买的"展示厅效应"越来越多，百货店和大卖场（综合性超市／量贩店）正陷入苦战。

与此同时，自身发行信用卡，根据账户使用频率提供折扣／积分的顾客招揽手段和基于购买数据优化入驻品牌和卖场、专门满足外国客人入境需求的市场营销等手段纷纷奏效，使得一部分商场在城市内部打开了新需求。

此外，通过基于数据的营销，网络销售、体验消费甚至服装、杂货等不再成为主体，反倒是以饮食和服务为主轴的"不卖东西的商店"等新市场、新服务（PaaS）渐渐开始普及。

在此之前，使用者的购买内容等数据分析主要应用在各个百货店的卖场设置、导购内容优化等内部项目上，今后，这些数据将与制造商和批发商共享，使百货店和大卖场从"商品或服务的中介方"成为"新商品或服务的制作者"。这是包含了曾经人人呼吁的团队营销之购买外数据在内的进化形态。

其萌芽案例可以举出美国大型百货商店梅西百货对 b8ta 公司（美国创新科技产品零售商店）的收购。b8ta 的商业模式既汇集了高精商品的甄选店铺，同时还在店内设置传感器、实况摄像头等设备，收集顾客对商品的试用情况，将数据销售给生产厂商和批发商。这种经营模式可以将展示厅现象中获得的数据转化为收益。

将物联网机器与 POS 数据中得出的定量数据综合在一起，

再结合能够敏锐感觉到消费者需求的高水平销售员的知识和经验，就能与厂商和批发商一道开发更具魅力的商品。应用各类数据和经验，在百货店和大卖场内部建立商品、服务和需求的假说，再与厂商合作开发。然后在店铺收集销售情况（包含实时和网络推荐的反响）和评价数据，对假说进行验证，展开高效循环，如此一来，百货商店和大卖场也就成了对消费者具有新鲜魅力的商品和服务提供者。

【新·顾客战略要点】

百货商店·大卖场

🤖 百货商店成为"物或服务"以及"数据"的中介者。

🤖 百货商店与合作企业基于"数据"共同开发商品和服务。

03 【时装】

将"看不见的顾客行动"可视化
利用 AI 完善店内布局

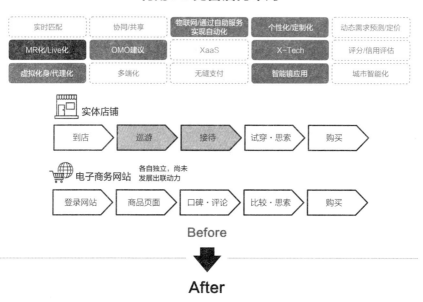

实时匹配	协同/共享	物联网/通过自助服务实现自动化	个性化/定制化	动态需求预测/定价
MR化/Live化	OMO建议	XaaS	X-Tech	评分/信用评估
虚拟化身/代理化	多端化	无缝支付	智能镜应用	城市智能化

实体店铺

到店 → 巡游 → 接待 → 试穿·思索 → 购买

电子商务网站　各自独立，尚未发展出联动力

登录网站 → 商品页面 → 口碑·评论 → 比较·思索 → 购买

Before

After

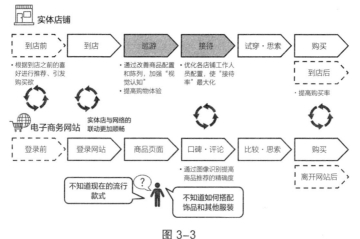

实体店铺

到店前 → 到店 → 巡游 → 接待 → 试穿·思索 → 购买

· 根据到店之前的喜好进行推荐、引发购买欲

· 通过改善商品配置和陈列，加强"视觉认知"
· 提高购物体验

· 优化各店铺工作人员配置，使"接待率"最大化

到店后

· 提高购买率

电子商务网站　实体店与网络的联动更加顺畅

登录前 → 登录网站 → 商品页面 → 口碑·评论 → 比较·思索 → 购买

· 通过图像识别提高商品推荐的精确度

离开网站后

不知道现在的流行款式

不知道如何搭配饰品和其他服装

图 3-3

传统时装店铺的促销活动主要依靠店员的推销和假人模特儿展示来唤起顾客的兴趣并吸引顾客到店，进而通过会员卡、LINE 好友功能等电子商务联动来应用顾客属性和购买数据，通过店员提议服装和饰品搭配。在电子商务网站也有虚拟人物试穿，以及像 ZOZO 西装那样将顾客提醒和尺寸数字化的操作。

与此同时，分析这些操作效果的数据获取却不够充分。因为只能从购买商品的客户身上获取数据，看不见顾客在店内的体验以及体验对购买的影响程度，也无法获知顾客完成购买的流程以及放弃购买的情况。

今后在时装店铺内，也将铺开应用 AI 和物联网的优化措施。

比如三阳商会与具备 AI 解决方案的 ABEJA 展开业务合作，正在推进实体店铺的 AI 应用。具体来说，就是优化店铺内部设置以提高"巡游率"，并且优化接待能力，以提高"接待率"，从而促进营业额上升。

针对"巡游"这一项，某品牌店铺对顾客的巡游率进行了分析，发现顾客很少深入店铺内部区域，因此那些区域的商品很难被看到。另外，只要能够提高商品的视觉认知率，就更容易使顾客购买商品，因此如何提升该区域的巡游率就成了店铺的主要课题。通过对商品配置的各种实验性改变，最后该公司成功提高了顾客巡游率，其结果就是提高了商品视觉认知率和店铺整体的营业额。

另一个品牌对接待人员的资源与到店顾客数量、接待率、购买率等数据进行了店铺间的比较，发现到店顾客少的店铺，每1名营业员的接待人数是11人/天，因此接待率高，最终购买的比例也更高。与之相对，到店顾客多的店铺，每1名营业员的接待人数是83人/天，接待率较低，但得到接待的顾客的购买率高。换言之，接待率与购买率虽然有关系，但在到店顾客多的店铺，由于资源不足，无法完成正常接待。为改善这一现象，该品牌专门优化了店铺间的资源配置，以提升接待率，其结果就是提升了购买率和店铺营业额。

通过店内监控录像取得行动数据，将其关联到会员数据上，由此可以获得以往无法获得的数据，通过对这些数据的分析，又可以将以往看不见的事实可视化，从而决定对策。进一步讲，积累顾客的行动数据，并将其与面向零售事业的新终端结合应用，还能促进"单独顾客"的个性化响应。

举个例子，将索尼的透明屏幕与店内假人模特儿组合起来，可以推荐各种搭配范例，还可以通过个性化的推荐唤起步行者的兴趣，将其引导至店中。店铺内部可以通过智能镜尝试不同 TOP（Time、Occasion、Place，时间、场合、地点）的搭配，还能推荐最合适该商品的饰物和正确尺码。这些都是 Fash-Tech 的应用方法之一。另外，如果能够自动确认店铺库存，还能提高工作效率。

在电子商务网站，也可以通过商品图像识别，满足顾客本身"想要却不知如何形容""想看类似商品"的需求。因此，通过店铺和电子商务网站的联动，可以促进从到店前至到店后的顾客理解，进而能够针对单独顾客做出最佳响应。

【新·顾客战略要点】

时装

🤖 优化商品配置和陈列，提高"视觉认知"，改善购物体验。

🤖 优化店员配置，使"接待率"最大化，从而促进购买。

04 【餐饮店】

让智能手机成为"顾客的代理"
需求预测和食材调配动态化

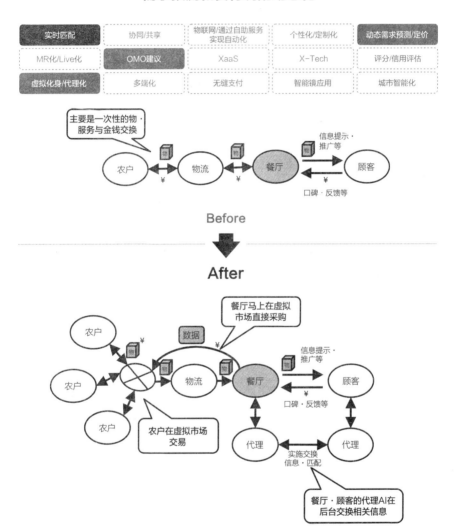

实时匹配	协同/共享	物联网/通过自助服务实现自动化	个性化/定制化	动态需求预测/定价
MR化/Live化	OMO建议	XaaS	X-Tech	评分/信用评估
虚拟化身/代理化	多端化	无缝支付	智能镜应用	城市智能化

图 3-4

高度数字化的餐饮店应用了几种营销工具来提高顾客满意度。

这些工具有网站、邮件、社交软件，还有手机应用、数字标牌等。具体来说，连接网络的店铺可以显示菜单信息、接受预约、通过 LINE 公共账号等聊天应用推送店铺信息、优惠券信息等。此外，顾客还可以通过各种点评网站对店铺做出反馈，进而促进店铺及菜单的改良。

今后，数字技术尤其是数据整合与实时匹配技术的发展可以在顾客产生进餐的意愿之前，对其进行更为精准的推广，或是优化店铺和菜单，进一步提高顾客满意度。

首先，可以应用顾客预约时输入的信息推荐最佳店铺和菜单。比如顾客即使可以在有限的时间内检索菜单、价格与评价，但无法详细调查并比较店铺氛围及食材供货商等详细信息。或者在天气炎热时，顾客想品尝新鲜水灵的番茄，也不太可能将其化作文字，输入检索菜单。

此时，智能手机应用等附带的顾客（自己）代理 AI 就能通过平时积累的自身属性、行动及嗜好等信息，自动向店铺发出咨询，根据顾客过往的行动记录对店铺进行评估。另外，还可以用智能手表获取的当日身体数据优先寻找合适的（比如水分含量较多）菜品或菜单，进而参照顾客的医疗健康信息，预选判断菜单中是否存在过敏食材、盐分摄取是否超标，从而推荐更符合顾客需求的店铺和菜单。

其次，店铺还可以应用食品流通信息系统和顾客需求预测信息系统，更为灵活迅速地变更烹调和服务方法。比如食材采购，在员工前往市场或是等待配送前，可以直接接收农户发出的信息。另外，还可以在网络上的食品虚拟市场（有志之士建立并运行的，跨产业提供从生产到销售全过程信息的市场）时刻关注交易信息，在食材到手之前早早把握其数量、新鲜度及价格。

再次，可以根据顾客的检索、预约情况，再加上周边地区人流量和其他店铺的预约情况，甚至天气及交通等外部信息进行动态需求预测，更为详细地事先把握到店人数和到店者信息。

如此一来，就可以不再拘泥于统一的菜单与服务，而可以事先对店铺提供的料理做出一些变更，比如调整营业员人数，替换烹调工序，从而提高顾客体验价值，减少食品浪费，使业务更有效率。

【新·顾客战略要点】

餐饮店

🤖 餐厅与顾客的代理 AI 交换相关信息，从而对菜单进行微调。

🤖 根据动态需求预测，在虚拟市场直接采购食材。

05 【运动·娱乐】

利用 5G 提供现场表演录像
根据比赛结果实时促销

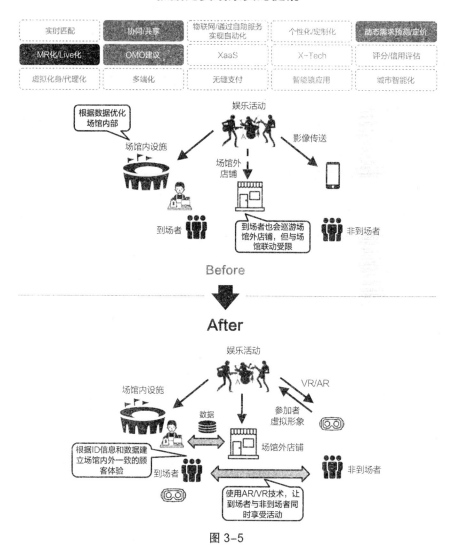

图 3-5

体育赛事、演唱会等大型活动现在已经在发展实时网络直播的模式。其中包含许多曾经由于播放类型限制而无法观看到的内容，现在则可以随意观看。另外，棒球场、足球场等场馆在扩充会员组织后，可以详细分析到场者的属性和行动，并在场馆内增设餐饮、运动用品等需求较高的消费设施。

今后，现实与虚拟的融合将使顾客体验的附加价值进一步提高。

在网上，人们不仅可以通过智能手机屏幕欣赏内容，有了应用 5G 线路的高范围、高清晰度信息传送，即使相隔甚远，也能通过 VR 设备获得身临其境的体验。

在现实会场，AI 可以辅助投影制图功能，在感应到投影对象的动作后自动优化绘图，再加入解说、补充信息、AR/MR 视觉效果等虚拟要素，能够使活动更简明易懂，充满魅力。例如在球类比赛中显示球的轨迹，这种已经在电视等媒介上实现的表达，将来显示在会场也成为可能。而且，AR 还可以推荐选手穿着的制服，只需轻轻一点，即可用合适的价格购买，实现与电子商务网站的联动。

随着现实与虚拟融合的体验增多，消费者对内容的爱好本身也会产生变化，现实与虚拟的界限将会渐渐消失。将来，虚拟偶像与真人联动的演唱会、过去知名选手的虚拟形象与真人比赛等内容也会获得人气。

目前，周边店铺为了迎接前来参加活动的顾客，在活动前一天通常经营到深夜。另外，餐饮店铺则会根据这些变化，按照不同日子的预计到店人数预先备菜，以提高翻台率和营业额。

今后，可以根据活动来客人数、属性、行动特性等过去数据展开预测，当存在理想顾客时，则根据活动结束时间延长经营时间。还可以给顾客发送实时优惠券，根据当天活动的结果（比如棒球比赛的胜负、MVP 选手）开展限定简易企划（菜单），这些新营销行为将带来新的收益。

【新·顾客战略要点】

运动·娱乐

🤖 使用 AR/VR 技术，让到场者与非到场者同时享受。

🤖 根据 ID 信息和活动数据，提供场馆内外一致的顾客体验。

06 【娱乐设施】

游乐场与手游串联
区块链买卖"排队时间"

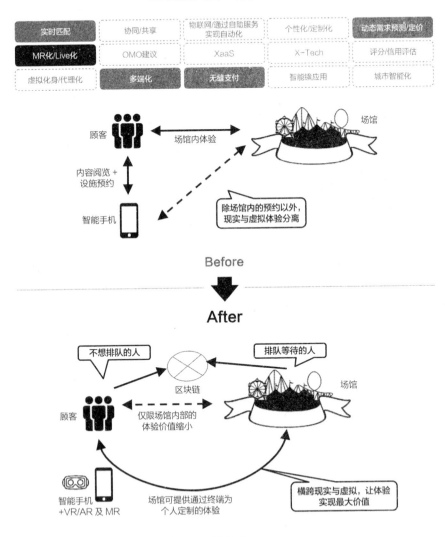

图 3-6

在娱乐设施，网站提示购买预约、出票情况和现场拥挤情况等服务的效果与场馆的规模相关，因此已经与其他业态一样，目前正在实施。

另外，只要拥有会员组织，就能获取数据并进行直接营销，这已经成了普遍的收益最大化行为。比如根据会员属性分类对场馆设备的使用情况进行分析，可以决定未来是否增加设备，还可以发送设备空置时间段的优惠券，不仅是线下设备，还可以促进线上营销推广等。

如果只是把曾经专门用于招徕顾客的营销手段针对个人进行优化，场馆内的体验基本是所有顾客共通的。今后，现实和虚拟的融合能够进一步活用会员分类数据，另外，再加入VR/AR及MR等技术，还能进一步提供个人优化的体验，并且促进体验的附加价值提升。

一个虚拟反映现实行动的例子，就是根据在游乐场游玩的项目，使用智能手机对内容进行反馈，促进项目内容的变化。反过来，从虚拟向现实的反馈还可以应用到MR技术，使游客能够在游乐场内与游戏中出现的角色一同游玩。

另外，有了VR/AR技术，无须大规模现实设备，就能体验到同时愉悦"五感"的娱乐。近年来，繁华街区等的室内场所越来越多地应用了这种技术，基于各种各样的创意，提供多样化的内容服务。这些设施一旦有一项形成热潮，就能推动业界玩家的变化。

针对游乐项目入场排队的措施也在优化。迪士尼乐园等场馆已经存在快速通行证等服务，这种情况基本上是开票者与场馆使用者为同一人。这时，就出现了花时间排队的人，以及为了省去排队时间而按时间购买权利的人，这类匹配服务就会扩大。举个例子，卖方与买方通过区块链匹配需求和供给的市场有可能形成。此时的金钱交易将可能是 C2C 的无缝电子交易。

【新·顾客战略要点】

娱乐设施

🤖 场馆通过终端提供针对个人的个性化体验。

🤖 融合现实与虚拟，让体验实现最大价值，并可以购买权利。

07 【酒店·铁路·航空】

根据空房状态设定价格
提供商品与服务作为 MaaS 的延长

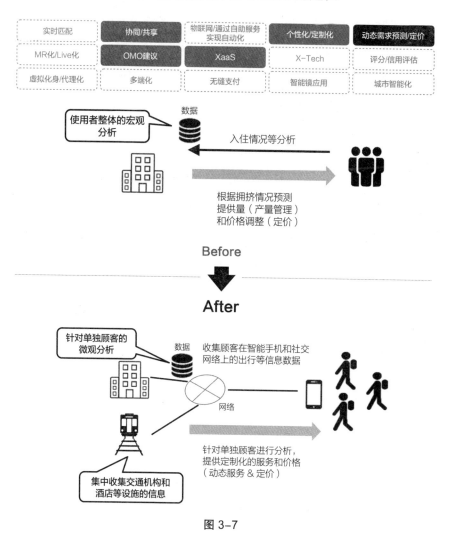

实时匹配	协同/共享	物联网/通过自助服务实现自动化	个性化/定制化	动态需求预测/定价
MR化/Live化	OMO建议	XaaS	X-Tech	评分/信用评估
虚拟化身/代理化	多端化	无缝支付	智能镜应用	城市智能化

使用者整体的宏观分析

数据

入住情况等分析

根据拥挤情况预测提供量（产量管理）和价格调整（定价）

Before

After

针对单独顾客的微观分析

数据

收集顾客在智能手机和社交网络上的出行等信息数据

网络

集中收集交通机构和酒店等设施的信息

针对单独顾客进行分析，提供定制化的服务和价格（动态服务 & 定价）

图 3-7

通过旅行代理店的预约逐渐减少，消费者直接在官方网站预约、购买的行为逐渐增多。这些官方网站的定价会根据入住情况发生改变。为了尽量增加调整入住率（产量管理）之后的收益，各个行业参与者会按照季节、需求量等参数设定最合适的价格。因此，能否根据以往数据指定最佳规则，就成了各个企业竞争优势的源泉。

在价格设定方面，以前都是各个企业根据过往服务使用情况来设定，今后将加入多种外部数据，提升定价精确度。例如，可以通过智能手机的定位信息把握人的移动情况，并预测其移动地点；也可以通过社交网络的发言内容预测可能博得人气的观光娱乐场所。

此外，企业之间的数据合作使得各个企业可以实现超过个体最优的整体最优定价。具体来说，假设某一地点的酒店比其他地区空房更多，前往该地区的交通费用和住宿费用合计金额就可以作为较有吸引力的定价进行实时设定并推荐（完全动态服务 & 定价）。此时，由酒店负担的部分交通费用和收益可以共享，给每个行业参与者带来利益。

将几种行业的商品和服务搭配起来提供属于 MaaS 流行的延长，具有非常重要的意义。在此之前，虽然存在铁路/公交等运输主体与共享单车/共享汽车等移动方式的组合，但只要进一步在移动的目的地提供商品和服务的套餐，就能提高便利性，成为附加价值更高的服务。

酒店·铁路·航空

🤖 收集并整合顾客的智能手机和社交网络上出行信息等数据，以及各企业的信息等资料。

🤖 针对单一顾客进行分析，提供定制化的服务和价格。

08 【入境旅游】

"AI 导游"带领参观
智能手机拍摄附带解说信息

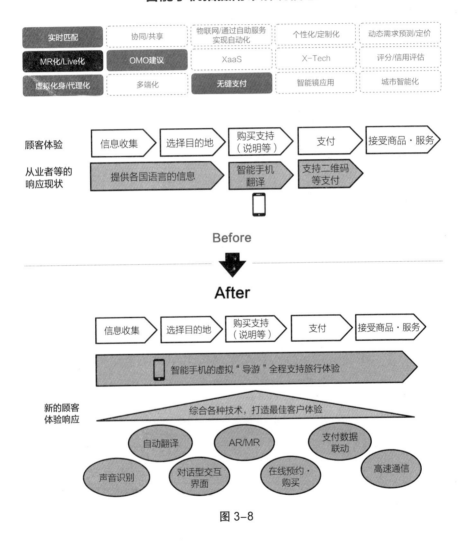

图 3-8

近年，主要观光景点开始陆续引进供游客使用的支付宝和微信支付等二维码支付手段。另外，与外国游客的交流也越来越多地使用智能手机或专业终端提供的自动翻译功能。外国游客也提出了日本旅游信息散落在各地、不够集中的意见，目前政府及社会各行各业参与者正在齐心协力推进信息的一元化。

在此之前，游客都是自己登录网站或是使用导游手册、旅游信息网站等方式收集信息。也就是说，智能手机将可能为每一名游客充当导游，提供信息检索、设施预约、翻译、答疑等服务。在 AI 发展程度不高的地区，有经验者（比如高龄居民）也可以通过 5G 通信提供导览。

另外，随着声音识别、翻译技术和通信速度的提高，人们将无须点击智能手机屏幕进行操作，而可以通过虚拟伴游和语音系统，像真人一样完成同声传译或交替传译。因此，只懂日语的有经验者的导览，也可以成为同传/交传的一部分。

另外，还可以应用 MR 技术，不仅能将摄像头拍摄的文字内容直接翻译，还可以根据需要，追加显示使用者需要的信息。例如通过图像识别并翻译菜单时，还可以追加菜单上没有提示的变应原信息，这也是 AI 的"待客"之例。

在支付时，可以使用日常的支付手段在任何场所完成支付。若使用者希望使用的支付手段与店铺等可以接受的支付手段不匹配，则需要进行转换。比如外国游客可以通过日常使用的支付手段往当地独有的支付手段中充值一定金额，以便在旅行期间顺利完成支付。为此，相关行业人员之间需要进行全球化联动。另外，由于该行业彼此之间存在竞争，可以考虑政府参与进去，为机制和系统提供辅助支援或是充当中介者。

【新·顾客战略要点】

入境旅游

🤖 智能手机的虚拟"导游"全程支持旅行体验。

🤖 结合自动翻译、AR/MR 等技术，打造最佳的顾客体验。

09 【外卖·配送】

兼职人员在配送岗位上活跃
根据情况控制供求关系

实时匹配	协同/共享	物联网/通过自助服务实现自动化	个性化/定制化	动态需求预测/定价
MR化/Live化	OMO建议	XaaS	X-Tech	评分/信用评估
虚拟化身/代理化	多端化	无缝支付	智能镜应用	城市智能化

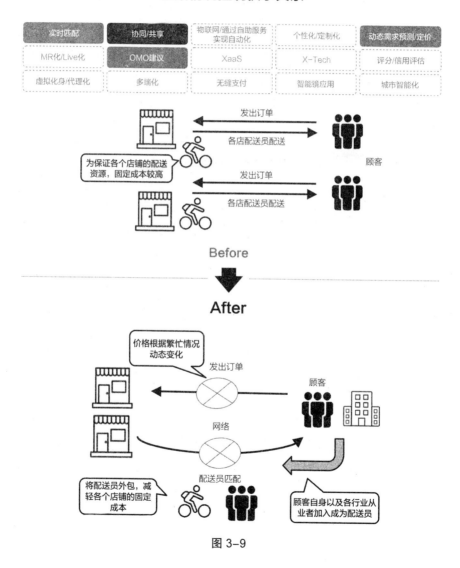

图 3-9

使用智能手机和网络订购外卖和配送服务的行为广泛普及，并且可以不要求地址，而是根据智能手机定位信息配送商品。店铺营销除了网站主页和宣传单，还可以登录专业平台（LINE Delima 等）接收顾客订单。此外，有的地方还开始了在应用程序上发出订单，商家使用无人机远距离（离岛）配送的服务。

优食和 LINE Delima 这些轻松在家使用智能手机点餐的服务正在日本等世界各国中不断成长。在服务平台的竞争中，对餐饮店和零售业从业者要求的配送单价持续降低，因此可以期待更多从业者和使用者的加入，然而，配送人员不足也极有可能成为难题。

优食等平台已经发展出个人成为配送员的业务，用于配送的交通工具有摩托车和自行车，而且要求具备驾驶技术和体力，使得可提供这些资源的人极为有限。今后随着这方面生产性的提高，铁路、巴士等公共交通和配送员也能得到匹配，成为外卖、快递的配送人员。当然，反之（外派配送员配送其他商品）亦可行。更进一步，还可以使用无人机（代替配送员）完成服务。

此外，目前已经出现在订单平台上输入实体优惠券号码获得折扣或是输入通用积分的 ID 得到积分等 O2O 服务。今后还可以根据时间段和特殊情况（天气、活动等）推送优惠券或是在社交平台上发送信息，经由预约服务积极控制需求和供给。

这些控制以及 OMO 营销上的操作，都能让企业获得重要的竞争优势。

【新·顾客战略要点】

外卖·配送

🤖 根据繁忙情况动态调整价格，实现 OMO。

🤖 配送员外包，降低各零售店固定成本。

10 【出租车】

通过 AI 需求预测完善配车
在开往机场的车中可完成登机手续

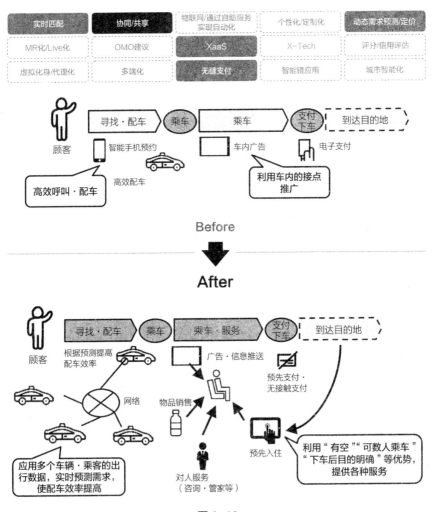

实时匹配	协同/共享	物联网/通过自助服务实现自动化	个性化/定制化	动态需求预测/定价
MR化/Live化	OMO建议	XaaS	X-Tech	评分/信用评估
虚拟化身/代理化	多端化	无缝支付	智能镜应用	城市智能化

图 3-10

出租车在空车时及时配车以及接送乘客时准时准确地到达目的地,这些都是提高服务水平的方式。另外,还可以通过无线设备进行车辆间的通信,综合探路交通信息(利用部分被称为探路车的机动车车速和行驶位置等信息生成的道路交通信息),选择更通畅的道路,能够更有效率地接送乘客。

此外,无现金结算业务也在发展。车辆后座可以显示迎合乘客需求的广告,只需扫描二维码,就能在下车前完成支付。

同时,向乘客(或潜在乘客)更迅速并准确地分配车辆的工作已经在展开。

例如 NTT docomo 正在提供名为"A-Taxi"的出租车需求预测服务。这项服务应用出租车运行数据、气象数据、周边设施数据等内容,由手机网络生成实时移动空间统计数据,并将其应用在地区出租车需求预测的推送服务上,已经被东京和名古屋的出租车运营公司采用。

今后,除这些数据之外,商业设施短暂繁忙的活动数据和公共交通延迟等周边环境数据将会进一步扩大,比如电车发生一小时以上延迟的情况时,还可以集中且及时配车到车站。这种近未来的动态需求预测和异常情况感知都是 AI 技术的拿手好戏,可以大大提高配车的效率。

而且,出租车作为营销的场所,也具有很大的潜力。近年,越来越多的人关注 MaaS,也就是出行服务,而出租车的以下4 个特征,是其提供服务的优势所在。

第一，乘坐出租车移动期间，乘客基本无事可做。因此，这就是一个向乘客提供有利信息和服务的夹缝时间。第二，出租车乘客在上车时已经有明确的目的地，部分场合下还可以事先得知乘客到达后的行动和目的。第三，出租车可供多人乘坐，并且能够提供保证隐私的单独空间。第四，乘客必然会与司机产生交流，可以提供更人性化的服务。

一直以来，出租车提供的服务价值正在不断增加，比如应用平板电脑的标识广告推送、新闻推送、支付服务和物品销售服务（雨伞、饮料等），除此之外，还有能够提供电脑和智能手机的充电服务。

今后，利用以上 4 个特征的联合服务应该还会继续增加。例如针对前往机场的乘客，可通过车内应用的系统实现完成登机手续、检索并购买机场销售的伴手礼（无缝支付），到达机场后即可领取等。

另外，灵活运用保证隐私的单独空间这个特征，还可以在乘客前往医院时预先通过平板电脑完成挂号和扫描保险卡业务，到达医院后便可以立即就诊。

【新·顾客战略要点】

出租车

🤖 运用车辆、乘客的行动数据，完成实时需求预测与高效配车。

🤖 运用出租车的优势，实现各种联合服务。

11 【快递】

优化匹配投递地点、时间、方法
提示反应成本的选项

实时匹配	协同/共享	物联网/通过自助服务实现自动化	个性化/定制化	动态需求预测/定价
MR化/Live化	OMO建议	XaaS	X-Tech	评分/信用评估
虚拟化身/代理化	多端化	无缝支付	智能镜应用	城市智能化

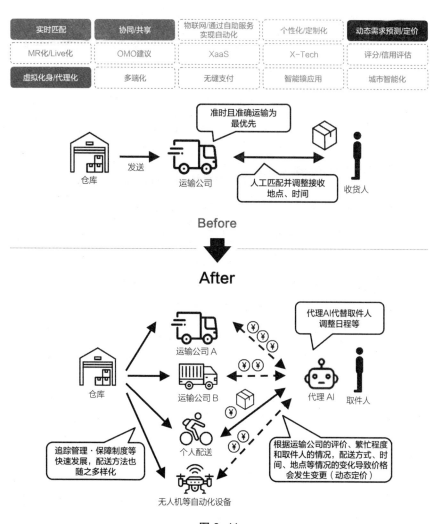

图 3-11

一直以来，从事物流和配送的快递服务最重视在规定的时间内将物品投递至规定的地点。近年，面向消费者的快递通常由快递员预先联系消费者通知预计配送时间，由消费者登记或修改收取时间，以防二次配送的低效行为。

收取货物的地点也不再局限于家中（包含快递柜），而可以选择寄放在驿站、便利店、门口附近（车库等）等场所。如此一来，针对原本规定的时间和地点，就可以进行灵活应对。

快递服务说到底是匹配送件和收件双方的最佳地点、时间、配送方法，因此应用模拟技术和各类数据的 AI 技术可以起到有效作用。今后为了优化收件体验，快递将会往灵活应对变化的方向发展。系统将会更为正确地模拟预定配送时间，随时联系收件人，而收件地点也可以在投递之前灵活变更。

与此同时，物流成本的负担将成为一大课题。由于消费者不太在意物流成本，导致它成为配送公司的重担，加重经营负担。甚至有配送公司无法承受大客户的要求，最后终止合作的例子。

为了应对这些问题，今后可以实施动态定价，为消费者的生活准备几种附加了配送成本的配送选项。换言之，如果选择时间、地点变更更灵活或是配送服务品质更高的配送公司，消费者承担的配送成本就会增加（或是商品价格上升），若允许配送公司或配送员延迟配送，那么配送价格会更便宜。

除此之外，还可以考虑目前正在积极研发的无人机和机器人配送，以及在超市购物后，消费者代替超市为附近居民顺便配送食品的"顺手配送"等各种方式。这些将根据消费者感觉到的便利性、风险与成本的平衡等因素，决定是否能够成立。

不管怎么说，既然物流和配送必须在现实中操作，就需要能够适当影响取件方生活与意识的营销方式。

【新·顾客战略要点】

快递

🤖 代理 AI 代替取件人调整日程。

🤖 根据不同情况，配送方式、时间、地点等价格发生变动。

---

12 【加油站】

AI 代行"监控""供油许可"
通过发展电动车业务与打造区域中心完成大转型

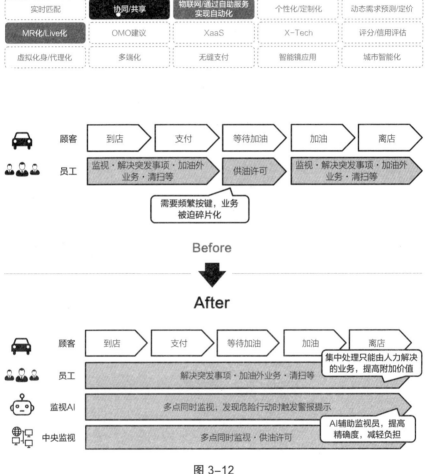

图 3-12

在此之前，加油站已经从单纯的加油点发展成了提供各种汽车相关服务的全方位汽车护理站。具体来说，20世纪90年代后半期自主业务开始兴起，店员得以将精力放在加油以外的服务上。大多数加油站以加强便利性和确保收益为目的，开展了洗车、修理保养、租车和二手车销售等以汽车相关服务为中心的非加油服务，向多元化发展。

日本的加油站作为地区燃料基础设施网的一部分，同时也是公共性极高的场所。尤其在偏远地区，加油站还承担了为当地居民小额配送制暖灯油的业务。此外，加油站还备有应急发电机，并且为保证受灾时持续服务，具有高耐震、耐火的特性，也充当了地区避灾场所的功能。

日本的加油站在身为民营企业，又具备公共性高的地区避灾场所的功能，为了解决加油站数量持续减少，维持燃料基础设施网等实际问题，政府正在商讨维持加油站设施的政策。

其中一个政策，就是高效运营。通常在自助服务点，顾客可以自主设定加油量并进行支付，因此从顾客方来看，加油站相当于汽油的自动售货机。但是根据消防法规定，加油站员工必须时刻注意顾客的行动，确认其不存在危险行动后，按下"供油许可"键方可加油。问题在于，人手不足的困境也影响到了加油站行业，照这样下去，地方燃料基础设施网将无法维持。为此，今后将会进一步提高"关注顾客的行动"与"供油许可"的业务效率。具体来说，就是导入应用 AI 的监控系统，提高监控—供油许可业务的效率，进一步加强自助服务。

荷兰的壳牌公司 2018 年冬季开始使用 AI 监控摄像头检测站内吸烟和向未经许可的油箱加油等危险行动，通过监控中心发出警报的系统。英国等欧洲国家，尤其在偏远地区，也存在导入 AI 监控摄像头与远程监控中心机制，从而激活了一度因为经营困难而关闭的加油站点的案例。在日本国内，这种 AI 远程监控应该也可以推广开来。

此外，欧洲和中国都表现出了限制燃油车销售，大力发展电动车的动向，日本也在积极讨论电动车的应用。即使家用汽车全部置换为电动车要花很长时间，为适应行业环境变化，增设充电桩等新措施也迫在眉睫。

在外部环境变化导致的压力以及 AI 提高加油业务效率的背景之下，加油站将会把人员集中在只能由人工来完成的业务上，并已展开全新服务。目前，快递、邮局、便利店、餐饮外带店、休息站等不同行业的联合已经十分盛行。今后，能够在这些不同行业的服务中融入地区特色的加油站，方能成为适应地区需求的必不可少的站点，从而生存下来。

【新·顾客战略要点】

加油站

🤖 监控 AI 多点同时监控，对危险行为发出警报。

🤖 员工集中在只能由人工处理的业务上，不同行业联合，提高附加价值。

13 【移动通信服务】

扩充家电制品与公共设施的联动
进化成无缝服务提供者

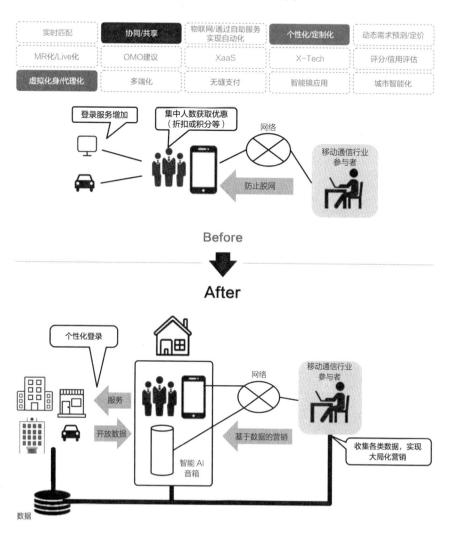

图 3-13

移动智能手机已经成了人们生活的基础设备。除了通话、收发邮件、社交应用和连接网络，智能手机还能通过 Wi-Fi、蓝牙及相应的应用程序连接各类设备和机器，从手机上操作家中的电器，也可以跟汽车、导航系统等联动。

今后，智能手机的应用将会进一步"个性化"。应用程序的潜力不可估量，个人家电产品和外部公共设施的联动服务也会增加，使用方法变得更加多样。而且无须每次登录，几乎可以无缝使用。

与此同时，企业留住用户已经变得越来越困难。由于手机号码在变更机型后依旧沿用，智能手机的应用程序不依赖于终端或用机合同，用户自身也可以使用独立的邮箱地址（Gmail 等），因此用户基本可以随意更换为其他公司或者更优惠的服务。

针对这一情况，移动通信企业可以在顾客变更机型时根据其使用情况尽量推荐合适的费用套餐，使其继续使用本公司服务。此外，还可以根据用户的使用特征预测脱离情况，在用户脱离前及时挽留。

此外，由于越来越多人批判长期使用同一终端的用户利益被分配到短期使用的用户身上，导致价格升高的高性能终端费用填补无法完成，此时可以与网络上的免费服务联动，让那些服务不仅免费，还能根据使用情况积累积分，用于兑换新机型、套餐费用、附加服务等项目。如此一来，使用智能手机越娴熟的用户，就能通过更多新方法获得费用折扣。

移动通信企业还可以利用与应用程序合作的服务数据以及公开数据（政府官方数据和社交网络、电子商务网站使用记录等），从使用特性预测脱离情况，在出现脱离征兆的初期（最佳时期）想办法挽留用户。对此，移动通信企业还需要进一步提高最优化数据库（基于数据的）营销。

【新·顾客战略要点】

移动通信服务

🤖 进一步"个性化"。

🤖 移动通信企业收集各种数据，进行大局化营销。

---

14 【教育服务（补习班、预科班）】

自适应运行成为主角
催化"干劲"与"好奇心"

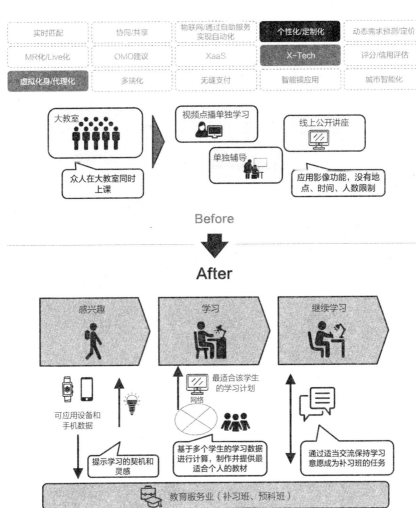

图 3-14

补习班和预科班基本都是在给学生定下学习目的的基础上（比如考上某志愿学校的学习计划、学校补习计划等），向学生提供共同的学习项目（讲课与教材）。从 20 世纪末期开始，讲课形式从大教室共同授课转变为 VOD（Video On Demand，视频点播），可以在任何场所和时间观看影像或是单独授课的补习班逐渐兴起，使服务更加多样化。进入 21 世纪后，又出现了 MOOC（Massive Open Online Courses，大规模公开线上讲座）这种形式，能够在网上轻松看到知名大学的讲座。

今后，教育服务方面针对顾客的附加价值提升主要可以分为 3 个方向。

第一，与此前一样，针对学生个人的计划，进一步提供优化的学习内容。例如应用 LMS（Learning Management System，学习管理系统）、Edu-Tech，管理学生的学习进度，在最合适的时间分配最适宜的教材。这将在公立学校和私立学校两个领域同时发展。

而且，教材也将随之发展。近年，配合学生理解能力临机改变提问的适应性学习方法已经可以通过平板电脑等数字终端设备和 AI 逐渐实现，继率先尝试这一方法的升学考试之后，资格考试和技能学习等教育场景也都将这种方式当成主流。

第二，进一步有效激发学生的动力。伴随教材的发展，教育（传授知识）方式无论再怎么演进，只要学习者是人类，就必然需要不断激发动力，以及令其继续学习的训练和指导。近年，人们越来越关注科学管理学生学习动力，展开针对性训练指导，在学生的学习情况之外，加入动力和目标意识等非认知能力的科学干涉，这在教育领域开始占据越来越重要的地位。

例如根据学习进度奖励积分的项目。如此一来，学习项目就成了日本人熟悉的"有所得"的激励形式。另外，还可以准备一个虚拟身份，将这些积分在学生之间公开，令其产生考试以外的竞争意识。

第三，学生身份与顾客身份连接得更加密切，可以寻找学牛的学习意愿，并主动培养他。在此之前，补习班、预科班都是向学生展示学习的必要性（比如升学考试），为他们提供学习场所和服务。可是，日常生活中，人始终保持着想学东西，想了解东西的求知欲，如果能够捕捉到那种念头，促进其学习，就能够实现趁热打铁。

如果能在这个基础上，追踪到学生在智能手机上的检索内容，或是通过穿戴式智能设备获取的生理变化检测到学生的好奇心上涨，并在那个时间段向学生提示恰当的教材，或是学习方法和建议，就不会给学生造成心理负担，让学习成为学生生活的一部分。

如何在推广活动中提示这些附加价值，是提供教育服务一方的重中之重。

教育服务（补习班、预科班）

🤖 根据多个学生的学习数据，制作、提供最适合个人的教材。

🤖 通过恰当的交流，让学生维持学习意愿是补习班的任务。

15 【外教课程】

匹配世界各地本土教师
多余的听课券可通过区块链转卖

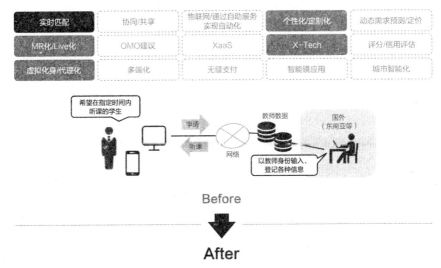

实时匹配	协同/共享	物联网/通过自助服务实现自动化	个性化/定制化	动态需求预测/定价
MR化/Live化	OMO建议	XaaS	X-Tech	评分/信用评估
虚拟化身/代理化	多端化	无壁支付	智能镜应用	城市智能化

希望在指定时间内听课的学生

申请 / 听课

网络

教师数据

以教师身份输入、登记各种信息

国外（东南亚等）

Before

After

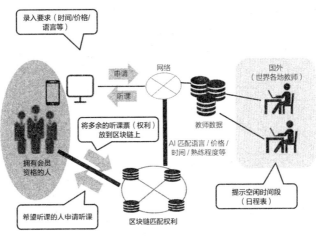

录入要求（时间/价格/语言等）

网络

申请 / 听课

教师数据

国外（世界各地教师）

将多余的听课票（权利）放到区块链上

AI 匹配语言 / 价格 / 时间 / 熟练程度等

拥有会员资格的人

希望听课的人申请听课

区块链匹配权利

提示空闲时间段（日程表）

图 3-15

外教课程以固定时间段或购票制申请时间段听课的形式为主。除此之外，如今希望在指定时间段听课的学生还可以跟主要来自东南亚英语圈的讲师通过 Skype 等程序在网上碰面，通过电脑、平板电脑和智能手机接受价格优惠的外语会话（主要为英语会话）在线课程。

今后可能会普及的服务是希望听课的学生选择语言（美式英语、澳式英语、中国的粤语等）、时间段、价格，将其与全世界本土教师的空闲时间进行匹配，然后开始在线授课的形式。这种形式能够保证学生在自己的空闲时间完成学习。

此外，没有教学经验但有职业资格证书的教师还可以通过优惠的价格获得授课机会，从而积累经验，得到成长。当然，也可以匹配经验丰富的登记教师。另外，即使是小语种语言，也能保证交易成立。

外语服务通常以事先购入听课券的形式为主，多余的听课券（权利）还可以转到区块链上，通过匹配实现交易。如此一来，就无须担心权利未经使用而浪费。对于使用者的限定，除听课券上记载的教师信息（自我介绍、擅长领域、评价等），还将共享学生的资质信息，为权利设定可听课（包含体验）的条件。

如此一来，提供外语会话服务的公司就能展开范围更广的推广活动，比如针对学生的家人朋友，或是重新争取曾经放弃过课程的学生。

外教课程

🤖 AI 通过语言、价格、时间、熟练程度等匹配学生和教师。

🤖 多余的听课券（权利）可以在区块链市场上转卖。

16 【服务业（按摩、保洁等）】

通过算法判定服务品质
平台认证从业者

实时匹配	协同/共享	物联网/通过自助服务实现自动化	个性化/定制化	动态需求预测/定价
MR化/Live化	OMO建议	XaaS	X-Tech	评分/信用评估
虚拟化身/代理化	多端化	无缝支付	智能镜应用	城市智能化

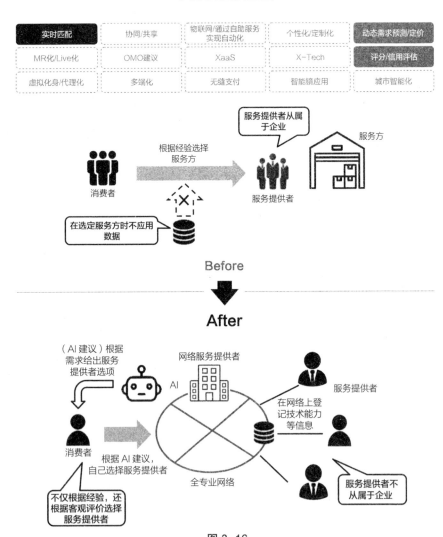

图 3-16

小规模的服务业是 IT 应用比较落后的领域。导入应用数据匹配业务的从业者相对零售业数量较少。由于服务提供者从属于特定的从业单位（比如店铺），因此较为依赖从业单位的框架（网络、电话预约等）。

在服务业，IT 化进程不明显的一大原因，就是对服务品质的定量评价（评分）和数据转化比较困难。比如按摩及美发等服务，由于接受服务的人需求各不相同，很难对"品质"做出客观的评价和比较。其结果就是，顾客只能根据自身的主观体验，判断是否要再次使用同种服务。

为了打破这一现状，若能加入可正确判定服务业者和提供者服务品质的算法，想必能建成成功的匹配平台。今后除了可以用 AI 分析顾客的重复频率和时间等数据，平台还可以对从业者展开培训或是资格认证。

拥有技术的专业服务提供者在匹配平台上注册信息，由顾客在平台上输入需求，连接两者的 AI，自动匹配专业服务提供者的日程与顾客的时间需求。然后根据最佳匹配双方的技术、时间等因素介绍合适的价格。

接受服务的地点也可以从店铺转向家中（保洁等服务也可以由与家中或工作地点匹配的人员进行），其便利性提升，也形成了新的市场。因此，将这些信息有效展示出去，就成了极为重要的营销。

服务业（按摩、保洁等）

🤖 专业服务提供者在网上注册信息。

🤖 AI 根据顾客的需求提示服务提供者的选项。

17 【美容（护肤、化妆）】

用"魔镜"模拟妆容
制作"一贴就美化妆贴"

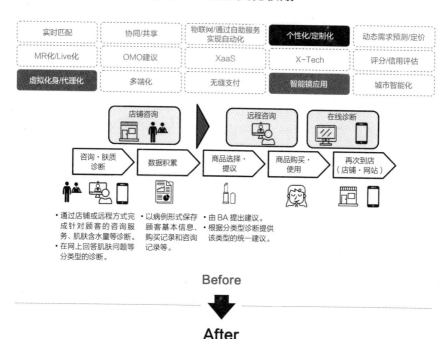

实时匹配	协同/共享	物联网/通过自助服务实现自动化	个性化/定制化	动态需求预测/定价
MR化/Live化	OMO建议	XaaS	X-Tech	评分/信用评估
虚拟化身/代理化	多端化	无缝支付	智能镜应用	城市智能化

店铺咨询　**远程咨询**　**在线诊断**

咨询·肤质诊断 → 数据积累 → 商品选择·提议 → 商品购买·使用 → 再次到店（店铺·网站）

- 通过店铺或远程方式完成针对顾客的咨询服务、肌肤含水量等诊断。
- 在网上回答肌肤问题等分类型的诊断。

- 以病例形式保存顾客基本信息、购买记录和咨询记录等。

- 由BA提出建议。
- 根据分类型诊断提供该类型的统一建议。

Before

⬇

After

咨询·肤质诊断 → 数据确认·分析 → 商品制作·建议 → 商品购买·使用 → 再到店·结果回顾

- 在上述基础上，通过图像和视频记录皮肤情况。
- 根据皮肤状态提供改善方案。

- 顾客病例数据化，过往信息也能有效利用。
- AI·大数据解析，可根据数百万例个性化推荐设计并提供相应商品。

- 在应用程序上查看推荐使用方法。
- 回顾诊断结果，重新检查商品使用后的皮肤状态，更新初始方案。

还能与其他顾客进行比较，使分析结果和建议更精细

图 3-17

在护肤及彩妆等美容相关产品方面，一直按照几种肤质类型和皮肤问题来进行商品开发和营销。在咨询护肤品方面，一般根据美容顾问（BA，Beauty Adviser）面对面进行肤质诊断结果和打听顾客的喜好，粗略推断顾客的皮肤状态，提供护肤的建议和商品推荐。

今后，通过 AI 应用，可以根据每一名顾客的皮肤状态和偏好，连续开发个性化的护肤和彩妆商品。例如大型化妆品企业宝丽就导入了 AI 技术，根据顾客个人的皮肤分析结果，提供细分为 862 万种的个性化护肤，并为此创建了"APEX"品牌。该品牌首先对顾客的皮肤进行分析，制订适合每一名顾客的护肤计划，并且在实施计划后，根据结果再次更新计划，以此来迎合顾客需求，提供个体最优化的护肤方式。

皮肤分析是通过解析顾客拍摄皮肤的视频来分析肌肤深层状态，并将其与超过 1800 万个数据进行比较，最后制作关于肌肤状态的报告书。另外，还可以根据地区、季节和使用单品的优先顺序，推荐洁面、化妆水、乳液、染发膏等产品。此外，这些分析虽然要在店铺进行，但回顾结果和产品使用方法视频都可以在手机应用程序上获得。今后，在应用程序上根据自身的面部信息进行模拟演示的方法将会普及。

松下正在开发一款通过"Snow Beauty Mirror"完成肤质诊断，并根据结果印刷的彩妆贴。顾客只要在智能镜前就座，镜子就会对面部皮肤展开分析，检查皮肤状态，发现看不见的细纹。另外还可以感知皮肤表面可见细纹的位置、大小和浓淡，制作适合个体的彩妆贴。彩妆贴制作完成后，在实际印刷前，还可以先到智能镜上模拟上妆，在得到顾客认可后，便印刷成型，沾水后贴于皮肤上。

如此一来，顾客就可以省去平时需要反复涂抹的妆底液、遮瑕膏和粉底，仅须将印刷好的薄膜贴在皮肤上，就能完美隐藏细纹和斑点。为此，除一般女性以外，带有明显胎记和皱纹严重的人也对这种产品产生了极大兴趣。

彩妆贴的研发需要用到准确捕捉细纹位置、大小和浓淡的图像处理技术，以及能够将彩妆颜料装入墨盒的材料学技术，还需要使用彩妆墨水正确还原皮肤颜色的喷墨技术。尽管它的正式投用仍需要时间，但在不久的将来，贴彩妆的新概念或许会渗透到人们心中。

将"Snow Beauty Mirror"这类智能镜安装在美容美发店、健身房、百货商场大厅和酒店等商业设施内部，还可以进行与肤质诊断、顾客使用、购买数据相关的营销活动，提供个体最优化的信息。

将来，包含美容以外的领域进一步定制化，还可以开发出类似操纵面板的使用方法。比如日常作为镜子使用，需要时可以在上面查看日程、邮件、天气预报等信息，还可以根据面部识别技术进行日常身体管理，推荐饮食、营养补充、休闲、服装和天气等信息。

美容（护肤、化妆）

🤖 可以支持个性化建议、提供有针对性的商品。

🤖 检查商品使用后的皮肤状态，及时调整护肤计划。

18 【健康管理服务】

通过图像分析餐饮的营养数据
与物联网终端合作的异常检测和建议

实时匹配	协同/共享	物联网/通过自助服务实现自动化	个性化/定制化	动态需求预测/定价
MR化/Live化	OMO建议	XaaS	X-Tech	评分/信用评估
虚拟化身/代理化	多端化	无缝支付	智能镜应用	城市智能化

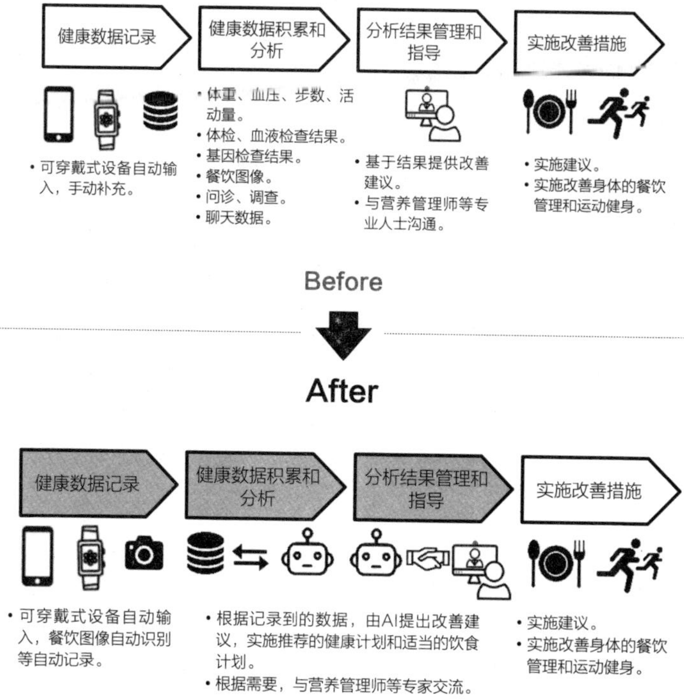

健康数据记录 → 健康数据积累和分析 → 分析结果管理和指导 → 实施改善措施

- 可穿戴式设备自动输入，手动补充。

- 体重、血压、步数、活动量。
- 体检、血液检查结果。
- 基因检查结果。
- 餐饮图像。
- 问诊、调查。
- 聊天数据。

- 基于结果提供改善建议。
- 与营养管理师等专业人士沟通。

- 实施建议。
- 实施改善身体的餐饮管理和运动健身。

Before

⬇

After

健康数据记录 → 健康数据积累和分析 → 分析结果管理和指导 → 实施改善措施

- 可穿戴式设备自动输入，餐饮图像自动识别等自动记录。

- 根据记录到的数据，由AI提出改善建议，实施推荐的健康计划和适当的饮食计划。
- 根据需要，与营养管理师等专家交流。

- 实施建议。
- 实施改善身体的餐饮管理和运动健身。

图 3-18

为了预防生活习惯导致的疾病，目前人们使用了在怀疑有新陈代谢综合征时提出的改善运动和饮食习惯的"特定体检和特定保健指导"。与此同时，为了改善生活习惯，营养管理师也会提供营养指导和运动指导作为特定保健指导的一环，但由于是真人服务，所以成本高昂。

面向希望减肥和关注健康的人群，可以根据体重等测量数据提供管理服务和应用程序。这些服务包括根据使用者的信息和关注内容推送健康和美容内容、根据使用者目标体重和养成运动习惯等目的推送任务，并且组织健康活动（瑜伽、普拉提、跑步等）及创建相关社区。而且，不仅针对较为关注这方面的人群，还可以通过展示名人减肥的前后效果，将目标扩展到潜在顾客中。

今后，连接网络的体质测定仪和可穿戴设备等物联网设备可以自动收集健康数据等生理信息，以及行走步数、运动量、睡眠时间等生活习惯数据，进行管理，并且自动识别使用者拍摄的每日餐饮图片，整合营养摄取数据，从而更方便地展开综合性健康管理和指导。与此同时，也能在真实业绩上展开推广，正可谓是 Health-Tech。

目前已经存在一些生活日志应用程序，例如健康管理/健身应用 FiNC 可以综合记录体重、步数、睡眠、餐饮、女性生理期数据，并根据记录数据、生活习惯相关问答以及其他诊断结果，由 AI 提出建议。

在应用程序内，AI 私教可以通过了解使用者的问题和每天的生活记录，提出针对个人的美容、健康建议。而且，FiNC 官方美容健康专家还会每日推送专业教练监修的健身信息、营养师和料理研究家推荐的健康食谱等信息，并且从中提取出最适合使用者的项目。

另外，只要回答了 20 个项目的问卷调查，该应用程序还可以从 8568 种组合中挑选最适合使用者的 5 种营养补充剂，以每日单独分装的形式投递给使用者的"个性化营养补充剂"包月服务。

AI 技术还可以自动识别餐饮图像，将原本很麻烦的手动输入简化为上传图片即可使用。在该功能发布后，使用者的餐饮记录率出现大幅上升。虽然一张照片包含多种食品的套餐等图像识别的精确度还有待提高，但程序提供了使用者对上传后的图片手动修正信息的功能，可以提高图片识别的精确度。

其他公司的餐饮管理应用程序需要付费才能使用自动图像识别功能，但该公司将这些数据应用在增加其他服务的收益上，因此图像识别功能可以免费使用。

由此可见，在健康管理领域，人们提供了与物联网终端连接的健康管理、运动管理和餐饮管理等服务，并对这些数据进行收集和分析，检测当天的健康情况和身体异常，预测患病的可能性。此举将感到不适再到医院检查的对症下药式医疗转化为个人化的、更精确的预防医疗，其营销手段也同样走向了个性化。

健康管理服务

🤖 收集记录可穿戴设备的数据、餐饮图像自动识别的数据。

🤖 根据记录的数据，由 AI 提出改善建议，执行健康项目等。

19 【养老·护理】

"好友匹配"高龄者
通过可视电话连接医疗设施

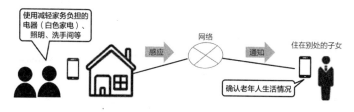

实时匹配	协同/共享	物联网/通过自助服务实现自动化	个性化/定制化	动态需求预测/定价
MR化/Live化	OMO建议	XaaS	X-Tech	评分/信用评估
虚拟化身/代理化	多端化	无缝支付	智能镜应用	城市智能化

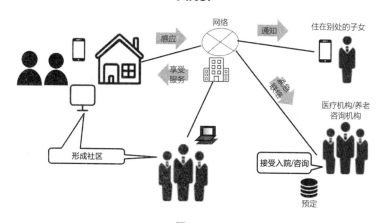

图 3-19

在养老和护理领域，应用信息通信技术的服务多样化一直在发展。比如可以根据高龄人士住处的设备（烧水壶等白色家电[①]、照明、洗手间及 AI 音箱等）使用情况来感应其生存或生活状态，向子女等登记方发出通知的服务已经登场。此外，针对 IT 理解能力高，对健康有一定追求的高龄人士，还提供了通过智能手表检测血压、脉搏、步数等数据，并向登记方发出通知的服务。

今后，AI 技术将进入这一领域。例如在家中参加养老工作站的健康服务（作为预防医疗一环的体操锻炼等）时，可以由 AI 诊断性格和搭配程度，匹配意气相投的参加者，形成一个小社区。

而且，紧急时刻自动接通的视频电话等，应用在线通话的医疗体制辅助功能也将普及。而且，医疗机构接收紧急患者的信息也将进一步可视化，提高急救的成功率。

【新·顾客战略要点】

养老·护理

🤖 AI 判断顾客性格和搭配程度，匹配意气相投的人形成社区。

🤖 Medi-Tech 的全方位服务让远程医疗机构能够在线连接。

---

① 白色家电，指可以减轻人们劳动强度、改善生活环境、提高物质生活水平的家电产品。如洗衣机、空调、电冰箱等。

20 【医疗机构】

实现"随时随地看病"
与身份信息卡合作促销

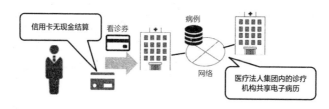

Before

After

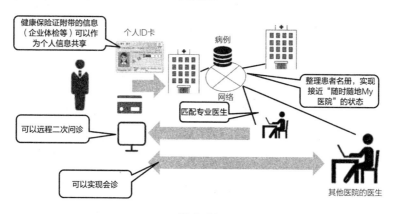

图 3-20

为了提高医疗机构应用信息通信技术的服务质量，今后有几点需要关注。

第一，同一医疗集团旗下的诊疗机构应该统计患者信息，将病例整合成电子档案。目前已有一部分医疗集团正在实施这一工作，随着今后的普及，能够实现接近"随时随地 My 医院"的状态。即使在不同的医院接受不同医生的诊疗，诊断结果（包含 X 光检查等）都可以共享。这样可以减轻患者负担，也能提高医生的工作效率。

此外，患者识别信息不应该局限于看诊券，还可以配备兼具健康保险证功能的个人 ID 卡。如此一来，患者就可以主动共享健康保险证（个人 ID 卡）上附带的信息（医疗机构的诊断以及企业体检信息等），还可以根据患者的病例和习惯，更轻松地匹配专业医生。如果患者自身可以共享诊疗记录，在接受其他医院的会诊时，不仅能够降低二次检查的成本，也可以减轻患者的身体和经济负担。

第二，实现无现金结算。目前很多医院已经可以提供信用卡无现金结算，这样既可以防止高龄人士携带现金外出，也可以应对外国入境人士和未加入健康保险的患者在接受诊疗时的高额医疗结算。今后几乎所有医院都能支持信用卡无现金结算，针对境外人士，还能提供国外的二维码结算（支付宝、微信支付等）。不仅是无现金结算，还可以使用 T Point 等通用积分、个人 ID 卡积累的个人积分和地区经济支援积分（使用个人 ID 卡的 IC 芯片电子证明来完成手续，将信用卡、手机、公共服务等各项事业发放的积分、航空公司里程数等折算并转化为自己选定的地区地方政府能够使用的积分），使得这类合作促销在医疗领域也能够普及。

第三，应用 5G 实现远程医疗。高速通信支持的在线连接可以进行实时详细的交流，因此有望实现远程诊疗和简易手术。由此，医院方能够提供更有效率的响应，主治医生能够更轻松地服务距离较远的患者，这也属于 Medi-Tech 的一环。

【新·顾客战略要点】

医疗机构

🤖 可以实现名医远程诊疗。

🤖 得到患者许可后整合资料，实现接近"随时随地 My 医院"的状态。

---

21 【保安（面向普通顾客）】

通过图像模式分析应对可疑人员
提供逃生引导等服务

实时匹配	协同/共享	物联网/通过自助服务实现自动化	个性化/定制化	动态需求预测/定价
MR化/Live化	OMO建议	XaaS	X-Tech	评分/信用评估
虚拟化身/代理化	多端化	无缝支付	智能镜应用	城市智能化

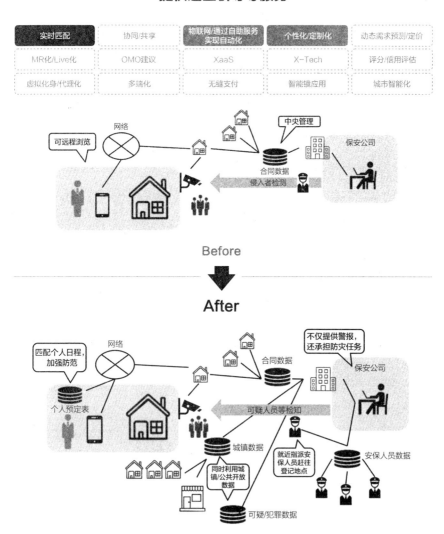

图 3-21

保安公司通过设置在企业客户的建筑物、设施和个人客户家中的防范感应装置或摄像头检知到入侵者时，会指派常驻或在附近分支待命的安保人员直接赶往登记地点。由保安公司总部直接监控、管理情况，可以制造规模效益，用有限人数实现实时响应。

客户可以在外地远程监控家中情况，同时兼具看护宠物的功能。这类服务还有助于保安公司的营销。

今后，保安公司可以导入 AI，配合防范感应装置或摄像头的探知信息，匹配登记在服务器上的合作机构和保安人员并传达信息，方便对应人员直接响应。此外，还可以将监控系统得到的数据与城镇数据库及罪犯名单对照，通过图像的模式识别来判断与过往非法行动事例的类似性，对可疑人士等展开更为精确的响应。另外，还可以实现按照星期数和时间段分类的防范预测模拟。

若客户上传行动日程，还可以根据家电使用情况等数据自动生成每日防范计划；还可以配合客户的行动，在考虑个人隐私的基础上，在特别有必要的时间段进行监控。

不仅是防范措施（包含防范工具的准备），还可以随时展开防灾响应，通过与城镇数据进行对照，生成地震灾害发生时的避难引导（选择距离更短更快捷的路线）和防灾计划。而且在设置方面，如不想要完全裸露在外的防范、防灾设备，可以同时考虑设计、装饰等符合个人喜好的改进。

总之，将城镇囊括在内的全方位服务必不可少，保安公司如何通过营销手段来着重强调这方面的内容，也将成为重中之重。

【新·顾客战略要点】

保安（面向普通顾客）

🤖 匹配居家数据和个人日程，加强防范、防灾精确度。

🤖 应用城镇公共开放数据，提供以保安为起点的全方位服务。

---

22 【自动售货机】

生物识别支付成为可能
与健康管理联动的订购方式

实时匹配	协同/共享	物联网/通过自助服务实现自动化	个性化/定制化	动态需求预测/定价
MR化/Live化	OMO建议	XaaS	X-Tech	评分/信用评估
虚拟化身/代理化	多端化	无缝支付	智能镜应用	城市智能化

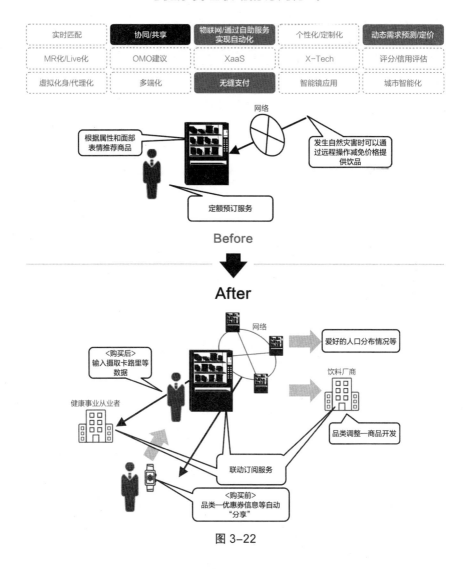

网络

根据属性和面部表情推荐商品

发生自然灾害时可以通过远程操作减免价格提供饮品

定额预订服务

Before

After

网络

爱好的人口分布情况等

<购买后>
输入摄取卡路里等数据

饮料厂商

健康事业从业者

品类调整—商品开发

联动订阅服务

<购买前>
品类—优惠券信息等自动"分享"

图 3-22

目前，饮料等自动售货机的电子结算功能已经在增加。并且，新型售货机还能根据浏览商品的人物属性（主要为性别）和面部表情（疲劳等）推荐相应的商品。除此之外，也开始提供方便每天使用的定额收费制订阅服务。

通过电子货币购买，还可以得到顾客本人正在积攒的积分（比如智能手机应用程序 Coke ON 的积分或 T Point 等）。将售货机使用者与商品关联起来的 ID-POS 分析还可以反馈给销售业者和厂商，应用在品类调整和商品开发上。

此外，还可以实现自然灾害发生时通过远程操作免费提供商品，让售货机成为灾民援助的一环。这种功能同样可以应用在每年都会发生的暴雨灾害中。

今后针对网络化售货机的使用者，根据其属性、行动和位置信息推送优惠券的服务也将登场。售货机作为联网的物联网，可以像利用推特等社交网络的 BOT（自动自主运行的软件和系统）一样，自动推送优惠券等信息，同时显示推荐商品及其温度（冷 / 热），促进消费者购买。

在支付方面，不仅可以用电子货币结算，还可以用生物识别（指纹等）完成结算，或是通过事先登录（关联）的结算方法自动免密支付。

此外，还可以提供根据使用者佩戴的计步器数据掌握的摄取热量等信息，与健康管理联动的服务。同时，与健康管理服务业合作的订阅服务也将会出现。跟其他售货机或其他店铺联合的活动（比如盖章活动）也有望实现。甚至，只要掌握了使用者的 ID 信息（比如点卡会员的登记信息等），还能在发生地震灾害时及时确认用户的安全情况。

不仅如此，还可以根据使用者的爱好进行商品开发。随着人口高龄化和健康热潮的兴起，面向 70 岁以上顾客、高血压患者、花粉症患者等迎合目标用户需求的商品开发将成为可能。而且，还能统计并把握各个地区的爱好倾向，展开需求预测。

【新·顾客战略要点】

自动售货机

🤖 自动"分享"品类和优惠券信息。

🤖 与健康事业联动，实现订阅服务。

通过物联网化建设推广基地
预测并"发布"驾驶员行动

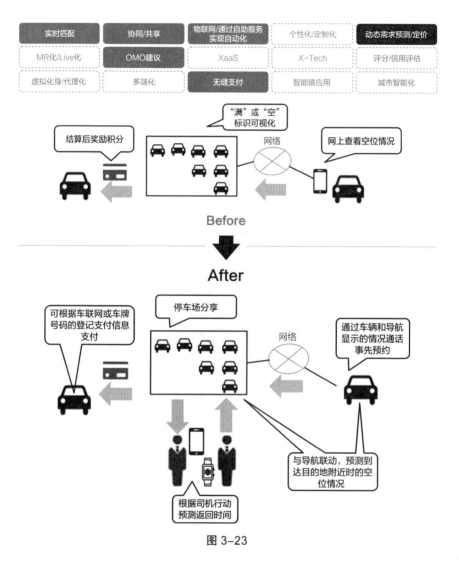

实时匹配	协同/共享	物联网/通过自助服务实现自动化	个性化/定制化	动态需求预测/定价
MR化/Live化	OMO建议	XaaS	X-Tech	评分/信用评估
虚拟化身/代理化	多端化	无缝支付	智能镜应用	城市智能化

"满"或"空"标识可视化

结算后奖励积分

网络

网上查看空位情况

Before

After

停车场分享

可根据车联网或车牌号码的登记支付信息支付

网络

通过车辆和导航显示的情况通话事先预约

与导航联动,预测到达目的地附近时的空位情况

根据司机行动预测返回时间

图 3-23

普通投币式停车场都会在面朝公路的一侧用电子屏幕显示"满"或"空"标识。另外，也可以在网站上查看空位情况。

今后，可以将停车场与导航系统（+车联网）联动，预测到达目的地附近时周边停车场的空位情况。根据预测结果，导航将显示前往停车场的路线，顺利引导车辆前进。此时还可以利用智能手机定位信息（GPS和基站信息等）推导场内车辆司机返回（接近）停车场的行动，预测其返回时间。

根据这些信息，停车场本身可以作为物联网，通过BOT（自动自主运行的软件和系统）在导航上显示"A停车场即将出现空位，请预约"等信息。

这些动态信息的推送还可以实时显示在停车场实时情况的画面上。对此，使用者可以通过导航系统或智能手机的语音对话完成预约，并且用预先设定的支付方式（包含ETC）完成预约付款，使车位变成"已预约"状态。

离开时，可以在自动支付终端上使用信用卡、电子货币以及ETC等多种无缝支付方式，获得使用积分。

另外，还可以通过网络解锁并使用停车场内的共享汽车。

除了企业的共享汽车，拥有汽车的个人也可以通过停车场提供暂时性租车服务，将汽车、摩托车等共享出去。

停车场

- 与导航系统联动，预测到达目的地附近时的空位情况。

- 根据司机的行动预测返回时间，与其他服务联动，促进预约。

24 【汽车】

向 MaaS 型服务进化
推动自动驾驶成为偏远地区移动方式

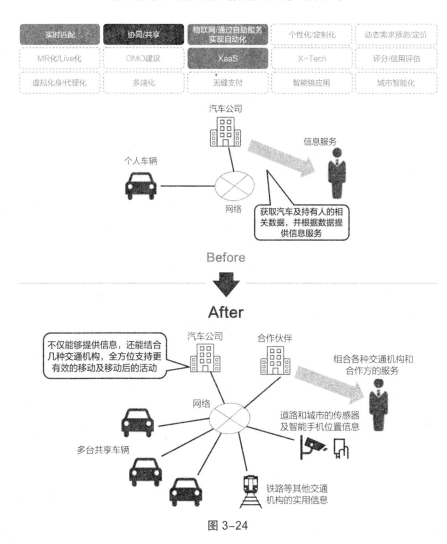

实时匹配	协同/共享	物联网/通过自助服务 实现自动化	个性化/定制化	动态需求预测/定价
MR化/Live化	OMO建议	XaaS	X-Tech	评分/信用评估
虚拟化身/代理化	多端化	无缝支付	智能镜应用	城市智能化

汽车公司

信息服务

个人车辆

网络

获取汽车及持有人的相关数据，并根据数据提供信息服务

Before

After

不仅能够提供信息，还能结合几种交通机构，全方位支持更有效的移动及移动后的活动

汽车公司　合作伙伴

组合各种交通机构和合作方的服务

网络

道路和城市的传感器及智能手机位置信息

多台共享车辆

铁路等其他交通机构的实用信息

图 3-24

近年，在汽车上安装通信功能，将车体状态及时通知到厂商以检知故障，或是在汽车内部获取周边地区信息的软件服务让汽车驾驶体验变得更为舒适方便。此外，摄像头（行车记录仪、后视镜等）和传感器（防盗传感器等）的技术进步也极为显著，驾驶系统功能的强化和普及也随之发展起来。

目前，在突发障碍较少的高速公路上，已经可以实现自动驾驶。而且自动入库也已经成为可能。

软件方面，购买自己喜欢的车，不仅车辆费用，连税金、保险和保养等必要项目的费用也被打包成定额服务（订阅服务）。

在此之前，个人与企业持有车辆的信息化一路发展，今后，共享汽车及租车等非使用者拥有的车辆信息也能进一步得到应用。组合了汽车以外的交通工具的 MaaS（Mobility as a Service）型服务企业也会相继登场。

MaaS 型服务大体就是在应用程序上设定出发点和目的地，由系统推荐最佳出行路线，并且能够完成实际手续。比如通过共享汽车前往最近车站，在车站改乘电车前往目的地的最近车站，然后转乘巴士，轻松完成连贯的移动。如此一来，未来将需要事业伙伴合作的复合型营销。

非车辆持有人不仅在公共交通机构发达的城市地区，在偏远地区也持续增加。越来越多的人由于老龄化而驾驶困难，因此社会迫切需要为这些人提供相应的出行手段。各地都在盛行呼叫型巴士、无人驾驶、自动驾驶等实验，非车辆持有人也将成为营销对象之一。

不仅是汽车，包含周边设施、服务、产品的综合定额服务也将展开。比如可以将行车路线上的加油站、餐厅、休闲设施、车辆装饰、旅游服务等全部包含在内。

【新·顾客战略要点】

汽车

🤖 联合各种交通机构、周边设施等合作方，全方位支持出行活动。

🤖 通过道路和城镇的传感器、智能手机位置信息来收集、分析数据。

25 【家电产品】

家电信息化加速发展
租用和残值贷款也在普及

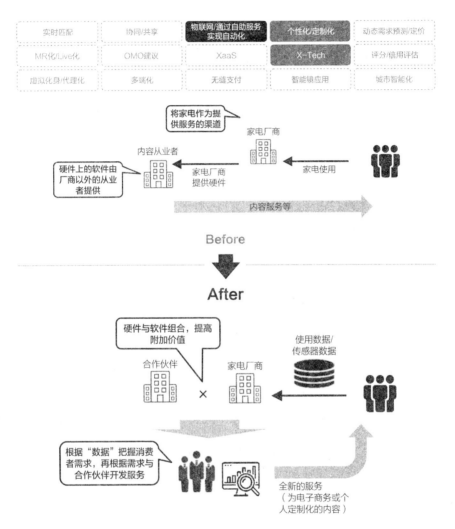

实时匹配	协同/共享	物联网/通过自助服务实现自动化	个性化/定制化	动态需求预测/定价
MR化/Live化	OMO建议	XaaS	X-Tech	评分/信用评估
虚拟化身/代理化	多端化	无缝支付	智能镇应用	城市智能化

将家电作为提供服务的渠道

家电厂商

内容从业者

硬件上的软件由厂商以外的从业者提供

家电厂商提供硬件

家电使用

内容服务等

Before

After

硬件与软件组合，提高附加价值

合作伙伴

家电厂商

使用数据/传感器数据

根据"数据"把握消费者需求，再根据需求与合作伙伴开发服务

全新的服务（为电子商务或个人定制化的内容）

图 3-25

不仅是娱乐家电，辅助家电也增添了通信功能，越来越多家电可以接入物联网，方便使用者在外部远程操作，或是通过智能音箱集中管理。此外，以娱乐家电为中心，增添了可以观看内容推送的功能，使得以往的单次硬件买卖转变成了可以追求软件等附加服务的模式。

今后，家电信息化将会加速发展，基于更丰富的数据，可为个人提供附加价值更高的信息和服务的家电将会增加。

比如可以分析冰箱储藏情况，结合特价信息推荐购买店铺和食材种类的冰箱；还有根据儿童兴趣和学校授课内容，自动录制并编辑相应电视节目的电视机；等等。

另外，除了一次性付款购买硬件，还可以增加租用、残值贷款［设定签约3—5年后的残值（≈通过残存价值得出的换购价格），将扣除残值后的金额设定为分期偿还的贷款］等长期小额支付的使用形式。

这种支付形式只需返还使用期间硬件价值降低部分的金额，对使用者来说，是一种类似于租约的贷款。这种贷款形式以前只存在于汽车等高价产品的交易中，今后将会普及到普通家电交易。

在此之前，供应商即使想提供租用或残值贷款，也担心消费者携带商品逃走，放弃偿还贷款的风险，不得不保持高额支付的形式。可是，等到家电普遍拥有通信功能，就可以在消费者滞纳缴费时强行停止家电功能，从而减轻企业的风险，降低使用价格，更容易促进销售。

【新·顾客战略要点】

家电产品

🤖 附带通信功能、可在外部远程操作的机种增加，还可与支付方式联动。

🤖 提供根据个人情况自定义需要的内容。

---

26 【定制品（住宅或汽车等）】

通过 VR 模拟完成商品推荐
实况直播定制到完成过程

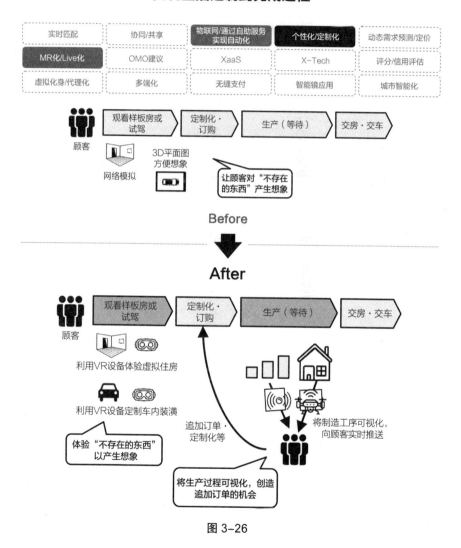

图 3-26

住宅和汽车等接到订单后开始生产的大型商品，除去样板房和展示车等实物，顾客很难看到完成品。此时可以使用3DCG（3D Computer Graphics，三维计算机图形）技术，提供结合了平面图和室内装潢效果图，或是利用网上模拟工具，模拟车辆成品的外观和内饰，激发顾客对商品的想象，从而促进顾客购买很难轻易做出决定的高价商品。

今后，定制品的营销可以有几种可能性。

第一，订购前让顾客拥有更详细的商品印象。比如按照平面图和室内装潢制作虚拟 AR 空间，让佩戴了 VR/AR 设备的顾客得到身在成品房屋中的体验。这一服务已经在部分住宅展示区开始提供。由于 VR 的行动范围有限，顾客无法亲身体验住宅内部的动线，而且实际成品与 AR 可能存在印象落差，但这种应用依旧在持续发展。

第二，向顾客详细提供产品逐渐加工完成的追踪信息。例如食品产业，"在哪里生产""在哪里加工""如何运输"等追踪机制已经十分完善，那么住宅和汽车等商品也能够提供交货前的详细追踪信息。

住宅方面，可以每天推送地基、结构、外装、内装渐渐完工的情况，汽车则可以随时向顾客汇报车身加工到组装、检查、运输的流程。

需要长时间加工的定制产品，其成型工序本身就能成为一种让顾客逐渐对产品产生具体印象的过程，从而大幅提高顾客体验感。此外，让顾客每天对逐渐成型的产品保持关注，还可以维持厂商与顾客的联系，从而有可能让顾客在制造过程中选择追加项目或是促成下一次营销。

【新·顾客战略要点】

定制品（住宅或汽车等）

🤖 在住宅展示区等场所使用 VR 设备让顾客体验虚拟房屋，通过 AR 定制内部装潢。

🤖 让生产工序可视化，实时推送给顾客。

通过物联网监控设备运行情况
打造智能城市系统

实时匹配	协同/共享	物联网/通过自助服务实现自动化	个性化/定制化	动态需求预测/定价
MR化/Live化	OMO建议	XaaS	X-Tech	评分/信用评估
虚拟化身/代理化	多端化	无缝支付	智能镜应用	城市智能化

- 在机器部件上安装传感器，检知以往只有熟练工程师才能判明的部件细微变化。

- 在机器的数个部位安装传感器，把握机器整体的使用情况，检知故障。

- 针对包含几种机器的生产线整体，从多个节点把握使用状态，检知故障。

Before

After

- 工厂整体优化

- 覆盖多个设施的发电机等设备使用优化（自动联动）

图 3-27

目前，制造业工厂除了生产销售自己的产品，还要提供产品的售后服务和保养维护。若工厂具有一定的规模，每年接到的咨询和维修委托可达数十万件，结合近年来人手不足的问题，售后服务的效率化成了经营的一大难题。

为提高效率，厂商开始在给机器安装传感器等物联网设备，以自动获取远程监控数据，并根据数据和修理信息等展开大数据分析，完成事前故障诊断，在故障时选定修理需要用到备用品这一过程中应用 AI 技术。

常用发电设备、紧急发电设备、热电联产等发电设备、空调及燃气热泵等设备上已经应用了这一机制。不仅是故障诊断，还可以在机器上安装物联网传感器和能源管理系统（EMS），收集顾客的机器使用数据，实施监控机器的运作和能源使用情况，从而实现自动运行优化和运行改善。从顾客的角度来看，要分析以往机器的运行模式，而且需要耗费人手和工时完成实际操作，这种沉重的现场负担也成了一大难题。

今后，物联网传感器收集、分析数据，优化使用并且面向企业展开营销的对象范围将进一步扩大，优化对象将不仅局限于各个厂家的内部，而可以追求广域的整体优化。也就是说，可以不再局限于一台机器如何运作，而是兼顾一个设施内的所有机器，甚至覆盖多个商业设施或大楼，进行整体的能源和机器优化。

然而，现状是设施规模越小测量越不完整的企业数量众多，难题也更多。预防性措施通常按照"检知异常""诊断原因""预测寿命"的顺序展开解析，但是各个阶段为达成目的的最佳解析手段各有不同。

要诊断原因和预测寿命，首先必须重视检知异常，然而要正确完成这一步骤非常困难。比如以大型装置和工厂等设施为对象的情况，监控运行情况所需的测量点众多，并且有必要同步记录所有测量点的数据。若无法完成这一步，就无法得到正确的数据和分析结果。

此外，根据测量点的不同，测量方法和输出的数据形式可能存在不同，比如网络摄像头的影像数据，或是传感器的温度数值等。为此，还要构建能够明确显示这些数据关联性的系统。

因此，在多个案例中，通常需要加入现场负责人来完成测量工作，以正确把握现状，然后将测量数据与资深工程师的预防措施开展时机进行比较，完成细致的解析。因为手动测量的预防措施重点明确，可以促进真正的自动化，实现原因诊断及寿命预测所需的数据收集与改善。

尽管自动化的导入相当花费时间和精力，但是以工厂和商业设施等为中心逐渐展开，最终能够实现城市智能化这样的地区整体优化。

能源设备

🤖 覆盖多个设施的发电机等运行优化（物联网自动协作）。

🤖 发展智能城市，对地区的工厂整体展开运行优化。

28 【电力系统】

适应供需关系的需求响应正在普及
将电动车作为蓄电池

实时匹配	协同/共享	物联网/通过自助服务实现自动化	个性化/定制化	动态需求预测/定价
MR化/Live化	OMO建议	XaaS	X-Tech	评分/信用评估
虚拟化身/代理化	多端化	无缝支付	智能镜应用	城市智能化

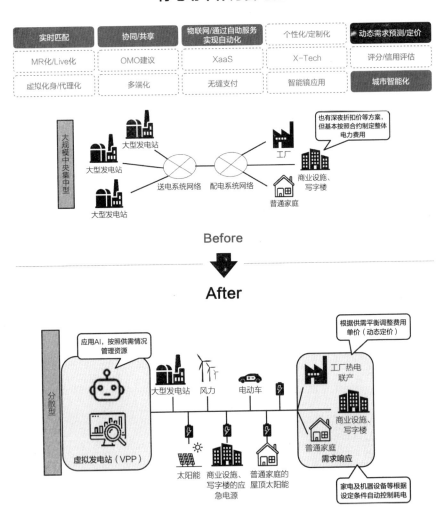

图 3-28

近年，电力和燃气等能源供给的环境发生了很大变化。在以往的电力行业，大型电力公司包揽了发电、送配电、零售等业务，以核电和火电等大型电源为中心，实施中央集中型的管理。可是，目前全球减少二氧化碳排放的行动逐渐升温，东日本大地震的经历又让人们对太阳能和风力等可再生能源提高了期待，在其影响下，2012 年开启了"固定价格收购制度（FIT）"，可再生能源的导入量迅速增加。

与此同时，电力又有"同时同量"的原则，供需量必须时刻保持一致。由于电力无法储存，高于需求的发电量将会成为损失，因此需要准确的需求预测和与之相应的供给。以往都是电力公司的专门团队根据过去的数值、气象条件、活动信息等因素，凭借高深的专业知识和极其丰富的经验预测需求，指定设施投入计划和运行计划。然后，大型发电站配合需求灵活调整发电量。

可再生能源在发电时不会排放二氧化碳，是一种清洁能源，但是相对的，它也存在受到天气影响导致发电量不稳定的缺点。比如连续日照较多的时期，大型太阳能发电站同时大量发电，就会打破电力系统内部的供需平衡，甚至可能引起大规模停电。而且，随着 2016 年电力自由化的政策，被称为新电力的行业参与者逐渐增加，使得有效率的供给计划变得很难制定。受到这一因素的影响，电力系统则需要精确度更高的需求预测，而以往依靠人工完成的需求预测，也可能在应用 AI 后实现自动化，并提高精确度。

今后，随着可再生能源相关技术的发展，太阳能、风能等分散型系统的成本将会降低，并且因为 AI 及蓄电池等技术的发展，将可能实现支持分散型系统的高精度供需调整，因此以往的中央集中型系统将能够逐渐转变为分散型系统。另外，中央集中型系统都是供给方根据需求进行供给调整，今后，控制需求方以降低消费，从而完成供需调整的需求响应（DR、Demand Response）模式也将推广开来。

为了鼓励 DR 模式，配合每日供需情况变动费用单价的动态定价用电合同也将普及。在日照量大或是风力强的时间段，以及周末时段降低费用，不仅可以促进电力消费，还能调整智能家电自动控制电力消费。比如分散电源的发电供给量上升时，电力批发市场的现货价格下降，家电自动启动。由此，使用者可以节省电费，电力市场也能保持平衡。

另外，蓄电池成本下降后，分散型电源可以同时配备蓄电池，电动车在不行驶时（不仅是紧急情况下）也可以作为蓄电池供日常使用。

这样，以前供给超过需求时只能舍弃的电力就能贮存起来，再通过对小规模分散型系统的整合、联动和控制，就能组合多终端电源，将其作为一个大型发电站进行集中管理，也就是所谓的虚拟发电站（VPP，Virtual Power Plant）。

实际上，在德国等国家已经开始 VPP 的产业化，被称为聚合成员的行业参与者整合分散电源，并在电力交易市场上销售电力。日本也在进行制度改革，各地都加紧展开实证实验，今后 VPP 的应用将逐步扩大，智能城市中的电力系统合约形态也将向着多样化的趋势发展。

【 新·顾客战略要点 】

电力系统

🤖 应用 AI 配合供需情况进行资源管理和智能家电的调节。

🤖 整合分散型系统，根据供需平衡改变费用单价。

29 【农、林、水产】

利用无人机等装备进行"无人栽培"
实现供需平衡的最优化

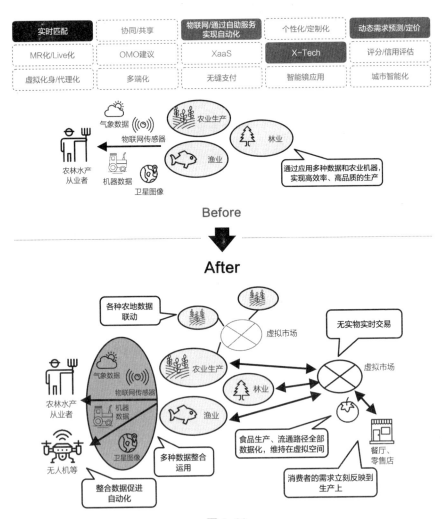

实时匹配	协同/共享	物联网/通过自助服务 实现自动化	个性化/定制化	动态需求预测/定价
MR化/Live化	OMO建议	XaaS	X-Tech	评分/信用评估
虚拟化身/代理化	多端化	无缝支付	智能镜应用	城市智能化

图 3-29

为了提高农、林、水产品的品质，目前在所谓 Agri-Tech（农业技术）的领域正在推进各种数据的应用。

比如利用人造卫星拍摄并发送农田的红外线图像，田间设置的物联网传感器反馈气温、湿度、农作物或森林生长情况等数据，农业机器的运行数据，还有天气预报公司的气象数据，更有效地促进农作物品质提高。

此外，农作物、水产品、产地、生产者的追踪信息提示逐渐发展起来，让消费者在零售店、饮食店的消费更加安全安心。

今后，在农业、林业和水产业，应用数字技术提高栽培和捕捞效率的需求将进一步增长。

农业方面，整合各种数据并用于观测和播洒农药的无人机以及农业机器的自动运行、物联网化将逐步实现，可完成近乎自动化的栽培。

林业方面，以整合 GIS（地理信息系统）信息的形式管理植林信息，可以实现人造林的识别、管理和追踪。另外，通过 GPS 追踪作业人员的活动情况，不仅可以实时更新植林信息，还能促进作业人员的劳务和安全管理。

水产业方面，可以实现资源的优化管理，结合天气，特别是风情、浪情和水流水温等广域信息提高捕捞效率，或是优化养殖场的养殖监控和饵料投放，提高收获量。

除此之外，农、林、水产品的供需平衡优化也能进一步提高。农、林、水产品一般会直接销售给批发商、餐饮店或是拿到市场上竞价，不过现在已经有人展开实验，通过捕捞后的照片和影像来判断渔获的新鲜程度、风味及品质，在数字空间的虚拟市场上完成快速交易。如果这一市场能够普及，农、林、水产品就可以省去运往市场的供需和时间损耗，能够提供给客户更新鲜的食材。

此外，还可以对农作物生长情况和近海情况展开实时追踪，在收获前预测收获量，匹配餐饮店和零售店的需求预测，优化价格和物流。

尽管还存在价格和收获绝对量等问题，不过可以将一般的农、林、水产品想象成基本负载电源，在高度管理的植物工厂和养殖场则将供给量想象成峰值电源，从而调整地区整体的供需平衡。

从针对终端消费者的营销观点来看，农、林、水产品的可追溯性和安心安全的保障也将成为一大主题。正如通过每只牛的识别编号进行牛肉管理那样，全程追溯从栽培、收获到物流、加工，再到最终消费的食品流通路径，可以进一步保证安心安全，提高附加价值。

【新·顾客战略要点】

农、林、水产

🤖 应用无人机和农机，推进自动化。

🤖 食品生产、流通路径数据化，给安心安全的理念赋予价值，在虚拟空间交易。

30 【意外保险】

针对顾客风险提供个性化服务
月会费型商业模式也在普及

实时匹配	协同/共享	**物联网/通过自助服务实现自动化**	个性化/定制化	动态需求预测/定价
MR化/Live化	OMO建议	XaaS	X-Tech	**评分/信用评估**
虚拟化身/代理化	多端化	无缝支付	智能镜应用	城市智能化

商品策划	业务·营销 （保险商品的选择）	售前审核	报价·签约	顾客响应 （客服中心）	支付保险金
• 虽说是迎合多种需求的复杂商品设计，但形式固定。	• 从多种多样的商品中选择机器人顾问推荐的保险。	• 专业人士展开顾客的信用调查和风险评估。	• 以车检证图像等为基础制作的补偿内容被发送到代理店系统上，从制作报价单到签订合约无缝衔接。	• 首先由AI响应顾客咨询，AI无法回答时对接人工客服。	• AI记忆、学习过往的支付结果，从过往案例中找出类似案例。 • 人工完成最终审核。

Before

↓

After

商品策划	业务·营销 （保险商品的选择）	售前审核	报价·签约	顾客响应 （客服中心）	支付保险金

• 机器人顾问协助定制化。 • 不用现有商品强行匹配，而是根据顾客的情况单独设计、销售商品。 • 根据风险变化自动更新补偿。	• AI综合顾客信息和外部环境数据，帮助完成风险评估。	• 以往必须在代理店完成的签约手续，可以转到网上完成。	• AI响应精确度提高，但是保留人工客服。	• AI响应精确度提高，但是保留人工客服。

图 3-30

保险公司的主要业务流程大致可分为商品策划→营销→审核→签约→响应→支付，目前，这些流程都开始应用 AI 和 RPA。尤其是签约后的顾客响应和保险金支付流程的自动化领域，保险行业正在普及 AI 的导入。

在面向顾客的业务方面，客服中心的响应和全国营业点接到的代理店咨询业务都使用了 AI 技术。将咨询的语音内容转换为文字，由 AI 读取文字资料，向工作人员提供候选回答。在此之前，工作人员都是一边听取提问，一边手动查找解决方案，在导入 AI 后，可以更加迅速精确地完成顾客响应，缩短顾客的等待时间。

在面向公司内部方面，大量数据输入等定型作业正在逐渐普及 RPA。不仅是日常情况，在遇到大规模灾害时，保险公司会在短时间内接到大量受灾顾客的保险金申请，从而产生数量巨大的合约信息确认和票据印刷工作。将这类事务性作业交给 PRA 完成，负责人就能把精力集中在为顾客确认意外情况的工作上。

今后，在营销和承保业务上也将进一步导入 AI 技术。在此之前，一般由保险代理店进行营销，但现在已经出现了100% 网上承保的网络保险，在网上申请保险时，只需回答几个问题，机器人顾问就能自动推荐合适的保险商品。

可是，在此之前多数保险公司都只是按照保险种类销售打包补偿的商品，承保手续也根据种类来完成。因此，由 AI 进行顾客风险管理，根据每个顾客的风险提供个性化保险商品的服务将逐步推广。

例如马耳他的创业公司Sherpa就会为个人客户创建账号，只需一次承保手续，就能保障该账号内含的多种风险。该公司使用AI分析顾客数据，根据顾客的风险和需求，对汽车、住宅、医疗、生命、宠物等各个保险种类提供个性化保障，为每一名顾客单独定制保险。进而通过顾客的生活方式、家庭结构、职业等信息评估风险变化，自动重新计算保障内容和保险费用（评分制），并推送给顾客。

在这种情况下，商业模式就不再是传统的保险代理店佣金制，而是征收会费，向顾客提供风险变化及相应保障的费用增减信息。

另外，在需要精算等专业知识的承保审核中应用AI技术，可以更快速地完成营销和提案。比如损保JAPAN—日本兴亚就开始在交易信用保险的承保审核业务中使用AI技术了。

所谓交易信用保险，是指由于交易对象破产等原因，签约者（被保人）无法从交易对象处收回应收账款时，保障签约者免受损失的保险。在这种保险的承保审核业务中，AI可以在获得签约人（被保人）交易企业的财务信息和外部环境等信息之后，对交易对象的信用展开分析。业务负责人可以根据分析结果来制定保险金额、保险费率和承保条件，实现人工与AI联动。这种业务将在日本进一步普及。

意外保险

🤖 机器人顾问促进定制化。

🤖 AI 根据顾客信息和外部环境等因素，辅助风险评估。

31 【人寿保险】

根据个人生活记录设计保险
人寿保险公司成为信息中心

实时匹配	协同/共享	物联网/通过自助服务实现自动化	个性化/定制化	动态需求预测/定价
MR化/Live化	OMO建议	XaaS	X-Tech	评分/信用评估
虚拟化身/代理化	多端化	无缝支付	智能镜应用	城市智能化

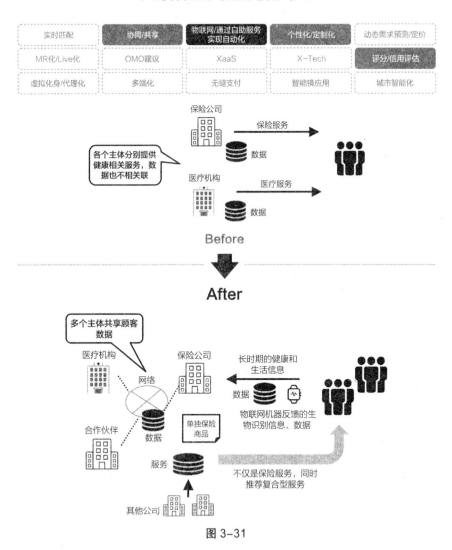

图 3-31

人寿保险公司的主要业务流程是营销→审核→签约→响应→支付，与意外保险一样，目前已经开始导入 AI 和 RPA。

人寿保险也正在迎合顾客需求的商品多样化发展。可是，保险费用的计算依旧只根据统计分析进行，因此是针对集体的分析，而非个人的分析。

此外，与健康信息管理联动的保险服务已经出现，市面上也有了根据签约人运动内容奖励积分的保险服务。然而由于各国法规限制，目前还无法根据个人的健康情况自由设定保险费用。

今后不仅是针对集体的保险金计算（评分），根据个人的生活日志定制的个性化保险商品需求也将增加。

人寿保险公司在与单一顾客维持长期关系的过程中积累的数据（手动或自动获取的数据）不仅能用于设定保险费率，还能与其他从业者共享，不仅在关键时刻能够有所帮助，在平时也能转换为价值。

比如，针对加入人寿保险和医疗保险的人群，可以推荐保障健康生活的健身场馆和保健诊疗服务；针对加入了学费保险的人群，可以推荐作为生活保障的财务计划和联动的育儿援助服务及学习服务。

为了优化这类服务推荐，必须事先预测签约人将来可能面对的问题和服务需求。因此需要对结婚、生育、孩子独立等多种人生阶段和生活方式的信息和医疗信息等健康信息进行收集和分析，而人寿保险公司将会成为非常重要的信息中心。

【新·顾客战略要点】

人寿保险

⚬ 对物联网机器反馈的生物识别信息等健康生活信息展开分析，规划个人保险商品。

⚬ 推荐不限于保险的复合型服务。

32 【金融（个人融资）】

"个人信息"进化为"信用信息"
附带强制性偿还条件的融资开始普及

实时匹配	协同/共享	物联网/通过自助服务实现自动化	个性化/定制化	动态需求预测/定价
MR化/Live化	OMO建议	XaaS	X-Tech	评分/信用评估
虚拟化身/代理化	多端化	无缝支付	智能镜应用	城市智能化

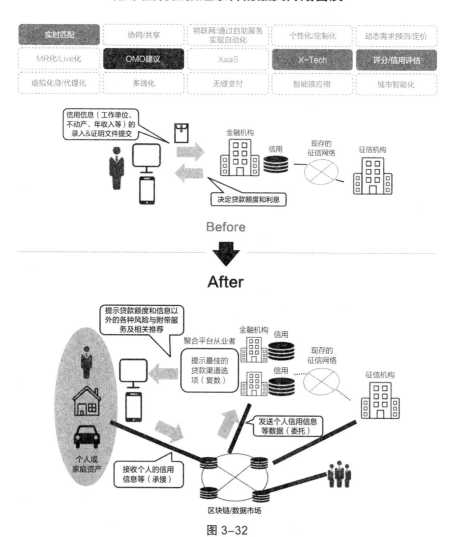

图 3-32

个人向金融机构贷款时，机构会根据个人的信用信息（工作单位、不动产、年收入等）设定可贷款额度和利息。此时可以在网上比较住房贷款等项目的利息，并根据各类民间征信机构登录的信息预测可贷款额度。

今后，个人 B2C（电子商务等支付）、C2C（拍卖等）交易，以及社交网络等评估信息将会被集中到分散型评估信息网络系统（例如区块链）上，从而进化为信用信息（信用评分）。在这个基础上综合以往的信用信息（工作单位、不动产、年收入等），可以进行更精确的融资。

此外，将强制返还条件反映在利息上的融资方式也会增加。这种融资方法是指使用贷款购买汽车及家电产品时，当产品能够时刻联网，则"不还款就无法使用"。

与此同时，比较网站等将会进一步发展成为综合金融机构信息的应用程序（平台），可以根据条件向顾客准确提供候选的金融机构。比如根据个人风险承受能力、资金用途、附带服务（保险等）信息，向使用者提示最佳贷款申请对象、可贷款额度、到期时的利息（包含变动预测）等选项。

而且还可以模拟贷款完成后的情况。比如根据几年后的宏观经济变化模式进行再融资，从而减少利息。或是审查登记在册的个人资产价值（包含折损）等，提示其后的利益和风险（成本）。

还款时，还能够根据收入、家庭结构、可自由支配金额等因素的变动，适当推荐提前还款或新的附带服务，更迎合个人的需求。

【新·顾客战略要点】

金融（个人融资）

🤖 基于分散型评估信息的信用评分应用将会进一步发展。

🤖 提示聚合平台从业者的最优贷款对象选项。

---

33 【金融（企业融资）】

利用 AI 计算信用度
小规模资金筹集变得更简单

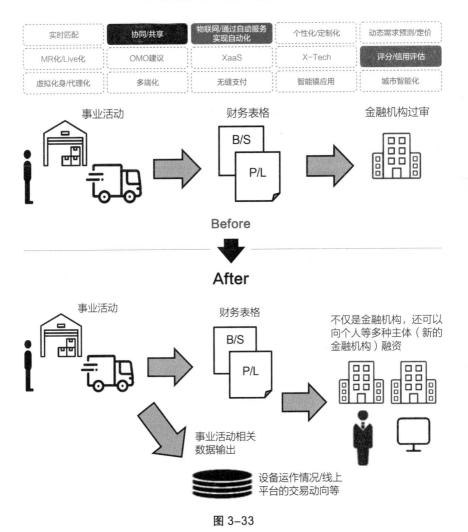

实时匹配	**协同/共享**	**物联网/通过自助服务 实现自动化**	个性化/定制化	动态需求预测/定价
MR化/Live化	OMO建议	XaaS	X-Tech	**评分/信用评估**
虚拟化身/代理化	多端化	无缝支付	智能镜应用	城市智能化

事业活动　　　　　　　财务表格　　　　　　金融机构过审

B/S

P/L

Before

After

事业活动

财务表格

B/S

P/L

不仅是金融机构，还可以
向个人等多种主体（新的
金融机构）融资

事业活动相关
数据输出

设备运作情况/线上
平台的交易动向等

图 3-33

企业融资时，除了企业信用信息（日本国家数据库、东京商工调查等），还要根据各个企业制作的财务表格和经营者相关信息（基本为静态信息，部分为动态信息）等，综合判断是否融资。此外，至今还有通过获得担保和个人保证（连带保证）来确保资金回收可能性的案例。

今后，除了以往使用的数据，还将对线上平台商品销售情况、工厂和物联网管理的各个设备运作情况等进行分析，明确反映企业的实时经营情况。

不仅是单一企业的经营情况，还可以综合无现金支付数据体现的消费者行动变化，公共机构设置的传感器体现的移动动态等周边信息，由 AI 计算各个企业的未来潜力甚至信用值（评分化）。

由 AI 自动判定企业信用，可以在提高客观性的同时，降低审核成本，不仅是企业单位，连为某个项目进行的小规模融资也将变得更加容易。

此外，众筹等不依托于传统金融机构的融资也将进一步扩大。彼时联动的主体还将包括资金宽裕的个人、个体户、中小企业等。令其组合成虚拟企业（在网络上实现的企业活动），就能孕育出类似全新金融机构的可能性。如此一来，营销、促销等将不再是单一企业的行动，而成为相关要素（个人、个体户、中小企业等）联合进行的行动。

【新·顾客战略要点】

金融（企业融资）

🤖 设备运行情况、线上平台交易动向等也将成为审核材料。

🤖 不仅是金融机构，个人等多种主体也能提供融资。

34 【资产运用】

通过商品效应扩大投资对象
平台企业也提供服务

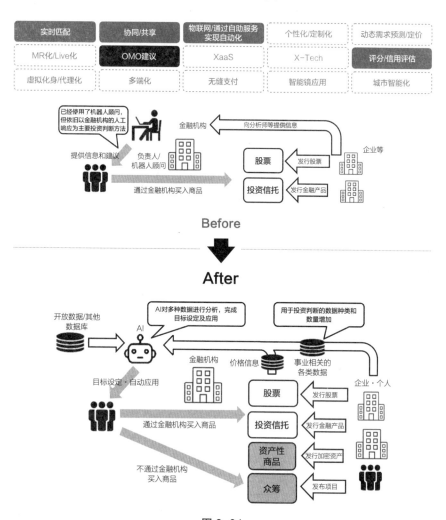

实时匹配	协同/共享	物联网/通过自助服务实现自动化	个性化/定制化	动态需求预测/定价
MR化/Live化	OMO建议	XaaS	X-Tech	评分/信用评估
虚拟化身/代理化	多端化	无缝支付	智能镜应用	城市智能化

已经使用了机器人顾问，但依旧以金融机构的人工响应为主要投资判断方法

提供信息和建议

负责人/机器人顾问

金融机构

向分析师等提供信息

企业等

股票　发行股票

投资信托　发行金融产品

通过金融机构买入商品

Before

After

开放数据/其他数据库

AI

AI对多种数据进行分析，完成目标设定及应用

用于投资判断的数据种类和数量增加

目标设定·自动应用

金融机构

价格信息

事业相关的各类数据

企业·个人

股票　发行股票

通过金融机构买入商品

投资信托　发行金融产品

资产性商品　发行加密资产

不通过金融机构买入商品

众筹　发布项目

图 3-34

个人投资者除了关注企业发表的 IR 信息，还可以关注综合报道以及分析师等的分析，在社交网络上收集信息，判断投资对象，然后根据风险承受能力进行投资和资产运用。

部分金融机构还会提供全权委托投资服务，在与专业人士商谈好投资方针后，按照定下的方针全权委托投资。

此时，机器人顾问可以为每个投资者提示相应的投资信托和资产运用计划，自动资产运用的服务也已经存在。

今后，"资产"的评估范围将会大幅扩大，不仅是股票和投资信托，各种物品都将被计入投资对象的资产中。随着网上交易二手商品和共享服务的普及，个人持有的车辆、衣物、家电等将能够计算二手转卖或共享出租后的价值（评分），从而被判定具有资产性。

已经被部分机构认定为投资选项的虚拟货币（加密资产）投资将会更加普及，众筹等新型投资选项也会不断扩大。

如此一来，人们就可以对各种资产进行投资，而通过人工进行相应的管理就会变得极为困难。为此，AI 可以根据投资者的生活计划、银行收支数据及其他外部开放数据等，自动推算人生中需要资金的时机。这样可以适当推荐目标收益率和投资结果的目标值，而且实际投资的自动化也将加速发展。此外，相比普通固定资产，金融商品的价格时常发生变动，因此AI 提供的接近实时的建议将会有利于投资。

伴随着资产种类的多样化，参与其销售及运用的从业者也开始多样化。不仅是银行和证券公司，通信公司、零售业者及其他平台都开始向消费者提供资产投资和运用服务。因此，与其本业服务相关的营销和促销也将随之展开。

【新·顾客战略要点】

资产运用

🤖 机器人顾问为每个投资者提议合适的资产运用方案。

🤖 根据二手交易股价等数据，扩大成为投资对象的资产。

35 【房产中介】

根据用户生活习惯推荐房屋
负责智能城市运营

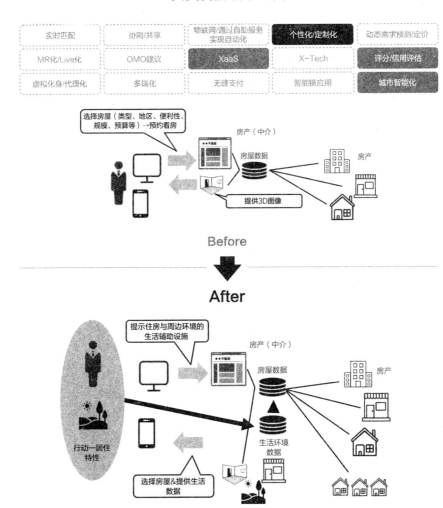

实时匹配	协同/共享	物联网/通过自助服务实现自动化	个性化/定制化	动态需求预测/定价
MR化/Live化	OMO建议	XaaS	X-Tech	评分/信用评估
虚拟化身/代理化	多端化	无缝支付	智能镜应用	城市智能化

选择房屋（类型、地区、便利性、规模、预算等）→预约看房

房产（中介）

房屋数据

房产

提供3D图像

Before

After

提示住房与周边环境的生活辅助设施

房产（中介）

房屋数据

房产

行动—居住特性

生活环境数据

选择房屋&提供生活数据

图 3-35

寻找房屋的人会按照房屋类型（新建或二手）、户型（现房、定制或公寓房）、所有权（所有地、借贷权、借地权）、地区（车站、交通路线、地址）、便利性（车站距离）、规模、楼层、预算等不动产信息进行物色。最近人们还可以在网上查看房屋的 3D 图像，并且预约看房。此时还可以通过房产中介得到住房贷款（个人融资）、意外保险、基础设施、家具、装潢、搬迁手续等报价。

今后，除了房屋类型、地区、预算等项目，还可以根据购买者行动特性推荐合适的房屋。在买房时首先可以根据购买者的资产（金融、不动产等）把握可贷款额度（评分），然后预测可购买的房屋，使挑选房屋的过程更高效。

此外，还可以把握购买后的住宅资产价值折损程度和以后的卖出预测，结合家庭账本（收入 / 支出）信息，模拟资产结构，密切跟进人生规划。在租房的情况下，还可以模拟其后的移居计划，规划在哪个阶段适合购买房屋。

举个例子，对"两栖人"这种同时享受城市和田园生活的人来说，他们的住处不止一处。此时就可以根据两栖人的特性和对象及其家人的移居历史提出方案（例如一处租借 + 一处购买）。

在此基础上综合周边住户和店铺等公共设施的信息，就能够实现用户的生活辅助。为了实现这些功能，需要其他产业和社会基础设施相结合的复合型营销。

也就是说，随着智能城市 / 社区化发展趋势不断推进，房产中介将成为租房者、买房者的生活方式及生活阶段与卖房者、基础设施管理和运用进行优化匹配的重要存在。

【新·顾客战略要点】

房产中介

🤖 房产推荐与用户人生规划等密切联动。

🤖 迎合智能城市发展的 REaaS 型服务提供者将成为主角。

36 【经营顾问】

通过数据补充个人知识与经验
通过多样化的实时调查提出建议

实时匹配	协同/共享	物联网/通过自助服务实现自动化	个性化/定制化	动态需求预测/定价
MR化/Live化	OMO建议	XaaS	X-Tech	评分/信用评估
虚拟化身/代理化	多端化	无缝支付	智能镜应用	城市智能化

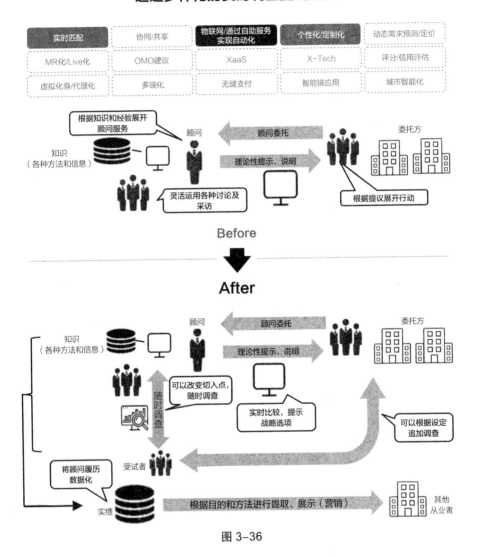

图 3-36

经营顾问会根据委托方的问题（战略、施策、个人和组织等）认知来提示战略选项。此时会应用到顾问的经验和知识，以及委托企业的知识（各种方法和信息）。

当提示战略选项前需要调查时，首先推导并构建调查假设，并根据假设展开实际调查（网上问卷、小组采访、定性调查等），然后整理结果。根据得出的结果，对委托方的问题解决策略（建言）展开逻辑性整理，最后总结为汇报材料（说明资料、报告书）。接着，向委托方提示并说明建言，委托方以此为基础制定新的方针并展开业务。

今后，除了这种传统的人工方法，还可以追踪顾问项目的进程，将顾问的业绩以及项目完成过后委托方的战略实施结果输入数据库加以活用。

经过分析和积累的数据还可以在传授顾问技能时派上用场。另外还可以对数据加以抽象化，隐去委托方的识别信息，将其加工为网络宣传资料，用于营销活动。

另外，把项目进程和委托方的实施结果总结为模式，还能够将相关成功案例或是失败案例整合为数据库与之关联。由此，之后的项目就能够在每个战略选项中定量化提示未来预测值。

在根据战略选项导出具体策略时，可以根据深度采访（受访者与主持人一对一深入对谈）和实地调查（观察活动现场，洞察并发现没有被明确认知或定性的需求）等定性调查和开放式数据（行政统计、匿名 POS 数据和社交网络问卷等）的定量调查来完成更接近实时的信息收集，制造"认知"。另外，委托人还可以自由设定并实施追加调查，从而完成更加深入的调研。

这些结果整体还能够整合为数据库，应用在下一次顾问项目、促销和营销上。

【新·顾客战略要点】

经营顾问

- 在顾问的个人知识基础上，将各种业绩数据转化为技能加以应用。
- 通过深度采访等方法完成接近实时的信息收集和设计思考。

---

37 【研讨会、讲座】

通过 AI 预测听众的兴趣
发掘讲师等匹配性操作精度提高

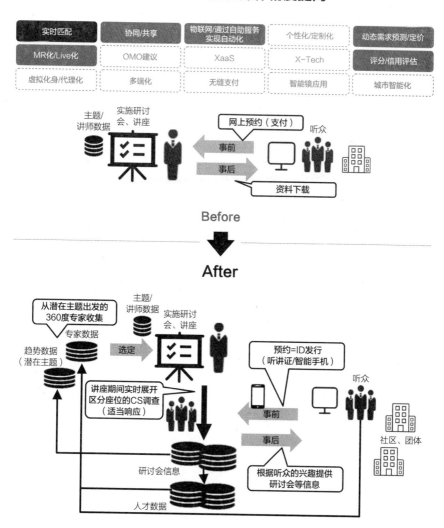

实时匹配	协同/共享	物联网/通过自助服务实现自动化	个性化/定制化	动态需求预测/定价
MR化/Live化	OMO建议	XaaS	X-Tech	评分/信用评估
虚拟化身/代理化	多端化	无缝支付	智能镜应用	城市智能化

主题/讲师数据　实施研讨会、讲座

网上预约（支付）　听众
事前
事后
资料下载

Before

After

从潜在主题出发的360度专家收集
主题/讲师数据　实施研讨会、讲座
专家数据
趋势数据（潜在主题）
选定
预约=ID发行（听讲证/智能手机）
听众
讲座期间实时展开区分座位的CS调查（适当响应）
事前
事后
社区、团体
研讨会信息
根据听众的兴趣提供研讨会等信息
人才数据

图 3-37

教育辅导公司以研讨会、讲座的讲师和内容为卖点，向有兴趣的听众和信息发布网站的访问者展开推广。研讨会、讲座的信息分布在网络上，有兴趣的人可以通过网站预约课程。

另外，课程当日及过后同样会进行网络推送。课程结束后，听众可以在网上下载研讨会、演讲的资料。

今后，听讲证将会变成智能手机上的 ID（二维码），通过完善自助登记而拓展无纸化办公。此举可以减少登记的等待时间，教育辅导公司也能展开自动化统计管理，并对数据进行分析。

课程中，可以通过信标等位置信息追踪，把 ID 与座位关联在一起。讲师可以在智能手机上实时对听众展开 CS 问卷调查，通过平板电脑查看听众属性及反应。根据 CS 问卷调查的情况，讲师还可以适当变更课程内容。

课程结束后，教育辅导公司可以根据听众的课程履历和区分座位的 CS 调查结果来判定听众的特性，向其提供可能感兴趣的课程等信息。此外，听众可以得到自己想知道的信息，将一场课程延伸为多场，获得更多知识积累，还可以在多家公司联动的个人主页上确认听课成果。

这种教育辅导公司的宣传推广今后在 AI 的辅助下，将会进一步提高精度。不仅是讲师和内容的通知和锁定相关人员，还可以通过各类数据预测听课情况，从而更容易向社区、团体、组织寻求可能感兴趣的主题。在为众人感兴趣的主题募集讲师时，曾经被埋没的专家信息也能够从专家数据库（包含听众等）中收集起来，以供选择。

不仅如此，还能优化匹配专业领域和搭配度高的讲师和听众，或是他们的同伴，并将这些场合 AR 化，从而提供更新的服务。

【新·顾客战略要点】

研讨会、讲座

🤖 课程中对听众展开实时问卷调查，调整课程内容。

🤖 由 AI 预测并匹配研讨会、讲座的内容，提供更新的服务。

38 【公共服务（社会保障、税务）】

获得个体同意后灵活运用与之相关的数据
降低社会性成本，实现"安全安心"

实时匹配	协同/共享	物联网/通过自助服务实现自动化	个性化/定制化	动态需求预测/定价
MR化/Live化	OMO建议	XaaS	X-Tech	评分/信用评估
虚拟化身/代理化	多端化	无缝支付	智能镜应用	城市智能化

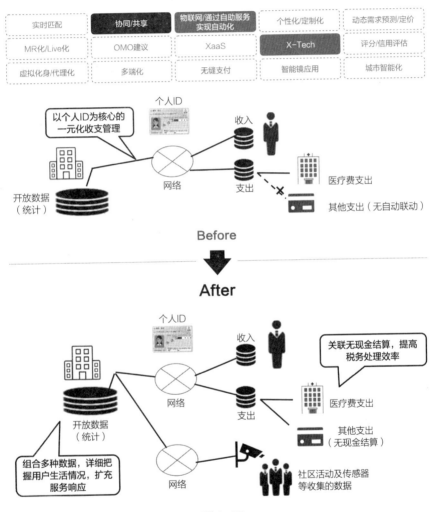

图 3-38

在社会保障、税金、灾害响应的领域，目前已经开始了关联个人ID的行政数据管理，以实现手续简化和高效化。不久，个人ID将能够作为健康保险证使用，届时可以实现自动申请医疗费减免。在这种面向个人的行政服务方面，目前正在以个人ID为核心，推进数据的应用。

另外，通过基础设施等安装的传感器来把握其老化情况，将这些与个人无关联的数据应用在宏观行政运营的举措也在推广。

包含这些在内，不仅是观光、文化遗产、医疗、育儿、看护，连救急、消防、公众等相关数据也会得到收集并公开，提供给居民和民间事业从业者。

今后，为进一步提高征税和社会保障相关服务的效率，数据管理和应用的举措将会进一步扩大。

其中，将无现金支付的信息与个人关联，并与行政联合的举措，将在扩充各类行政服务中展现出很大的效果。

在韩国，已经实施了消费者使用无现金结算可相对使用现金时减免一定税金的政策。将这些信用卡公司的结算数据与行政结合起来，能够正确把握店铺营业额，防止偷税漏税。

在日本，可以推广消费者在进行增进健康和预防灾害的消费时享受一定减税，从而促进社会推荐的结算方式甚至消费行动的政策。另外，从结算和存款提取内容还可以检知用户是否被卷入诈骗行为，无论其监督者是否为行政机构，都有望得到一定效果。作为行政提供的公开数据，这些统计数据也有望加入其中。

不仅是结算数据，还可以在获得用户同意后，将家庭传感器及智能手机使用情况等个人相关的微观数据对外共享，帮助提高服务的品质。人们可以使用设置在家庭内的摄像头数据自动把握高龄人士的健康状态，或是通过驾驶数据自动诊断认知障碍症状，从而自动把握每个人的生活情况。必要情况下向行政负责人自动发出警报的机制（Gov-Tech）还可以降低人工巡逻等社会成本，为今后进一步发展的高龄化社会提供安全安心的保障。

处理这些关联个人的数据将需要相当规模的投资和技术、经验，另外，数据内容大多存储在民间企业，很可能需要一个行政与民间共同使用数据（联名）的基础。彼时，确保中立和公正的规则制定以及可持续的社会性认知就变得十分必要。因此，作为公共服务的数据库营销虽然能够发展，但是中立性和公正性的调整将会变得极为困难，为了找到最优解，还需要应用 AI 技术。

┌─【新·顾客战略要点】────────────────

公共服务（社会保障、税务）

🤖 通过多种数据把握生活情况，扩充相应服务。

🤖 关联无现金结算数据，提高税务处理及社会保障业务的效率。

PART

功能类解决方案

39 【产品策划·开发】

AI 填补了优秀开发人员的不足之处
3D 打印机加速商品化进程

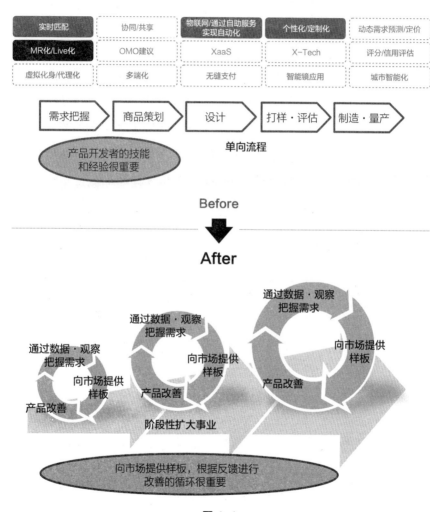

图 4-1

以前的产品开发都是经过市场调查、样品开发、问卷调查和采访等定性调查，综合过往销量等定量信息，由开发负责人展开产品的策划和开发。然而，市场调查存在一定限制，只能把握到消费者自身的想法和需求。为此，有"眼光"的开发负责人依旧需要发挥很大的作用。

毕竟优秀的开发负责人是少数。今后应用了 AI 技术，能够使各种人才都顺利投入曾经只有调查技能和经验丰富的人才能进行的、依靠"眼光"的产品开发中。比如，AI 能够自动分析购买数据等营销数据，提示简明易懂的定量分析结果，再通过使用者调查的文本挖掘和店面观察时的表情分析，提示符合群体意向的潜在顾客需求假说，帮助产品开发负责人发现需求。

另外，AI 对设计思考的辅助也将进一步推广。比如通过实地调查（一种定性调查手法，观察活动现场，洞察没有被明确认知或定性的需求）等方法，从开发者构建的假说中生成3D 打印机制造的样板。

进而，可以通过 VR/AR 向消费者展示产品，获得消费者接近实时的反馈，从而对基于假说的产品方案进行改进。

迅速循环这一过程，就能使优化产品的工序速度加快。

另外，将这些过程和结果的数据积累起来，还能够促使策划、开发及改善的过程进化为螺旋前进状态，在包含营销的一系列过程中，促进人脑思考部分以外的内容自动化，提高产品成功率。

【 新·顾客战略要点 】

产品策划·开发

🤖 AI 辅助开发者挖掘潜在的顾客需求。

🤖 通过 VR/AR 展示商品，收集接近实时的反馈，用于后续改善。

40 【物流】

通过 AI 分析降低事故"风险"
应对人手不足的自动驾驶手段正在发展

实时匹配	协同/共享	**物联网/通过自助服务实现自动化**	**个性化/定制化**	动态需求预测/定价
MR化/Live化	OMO建议	**XaaS**	X-Tech	**评分/信用评估**
虚拟化身/代理化	多端化	无缝支付	智能镜应用	城市智能化

运行管理	配送

- 人工分析风险·事故影像
- 实时检测车辆的限定信息·警报响应

- 有人驾驶
- 粗心驾驶等造成的事故·风险增加

Before

⬇

After

运行管理	配送

- 根据可视化数据和分析结果商讨对策

- 响应AI给出的警报

- 从车载影像截取风险或事故影像，分析原因
- 危险驾驶的评分及警报
- 远程监控无人车辆
- 通过仪表盘可视化

无人　　无人　　有人

高速IC间的卡车组队行驶运行管理

特定路线巴士/校车/社区巴士/呼叫响应交通等展开客货混载的运行管理

无人机和配送机器人等完成最后一公里配送

> 新的机动性和新的技术促使配送手段多样化，因此需要新的运行管理

图 4-2

近年，各地都在实施卡车和巴士等交通工具的自动驾驶实验。但是人们普遍认为，五级无人自动驾驶技术普及还需要一段时间，目前还需要司机和保安员等人工监督。

在这些技术普及之前，由于必须通过传统的人工执行业务，就有必要致力于减少事故、降低事故率、提高安全意识，因此需要实施对策，在事故发生前测知风险、收集信息和总结原因。现在，这类信息收集还需要通过人工查看行驶记录视频和向驾驶员问询。

在物流业界，由于人手不足，驾驶员人均负担加重，因健康状态导致的事故数量呈现上升趋势。为解决安全驾驶这一难题，需要对已经发生的事故和虽未发生事故但有可能导致事故的风险进行原因分析，并找出解决方案。除此之外，今后还将通过组队行驶的自动化驾驶来应对人手不足问题。

比如，日立物流在应用 AI 技术后，能够自动测知风险，施展对策。具体来说，就是 AI 自动提取行车记录仪内保存的事故画面，对危险驾驶的举动进行评分，将其与驾驶员的实时健康状态和生命体征数据相关联，分类风险原因，自动通知运行管理者。

另外，大型石油企业荷兰皇家壳牌集团还开发了面向企业的车队管理服务（全方位管理企业车辆、飞机、船舶的服务）"Shell Fitcar"，只要在车辆 OBD 端口（连接车载故障诊断装置的端口）连接服务终端，就能以仪表盘的形式实时监控车辆位置、行驶距离、驾驶时间、驾驶方式、燃料余量、燃油效率、车辆内部组件状态等信息。

如此一来，不仅能减轻驾驶员的每日业务汇报负担，还能在车辆出现故障前发出修理警报，分析驾驶员的驾驶习惯，提供驾驶建议。

这一服务继续进化，不仅可以应用 AI 和物联网终端提高车队管理的精确度，AI 还能基本包揽实时确认车辆及驾驶员的情况，收集风险信息的工作，从而使运行管理者能够专注于实施对策。

现有的人工驾驶还可以进化为高速公路上的组队行驶，只需一名驾驶员引导数辆安装了无人驾驶系统的货车，提高载货量，并且有望在中长期实现完全自动驾驶，以解决人手不足的问题。

在日本国土交通省放松管制的动向中，传统路线巴士、自动驾驶巴士、呼叫响应交通等新的移动手段与货物配送功能相融合的客货混载型服务（MaaS 响应）也将成为可能。此外，结合配送机器人服务，最后一公里的配送效率也将大幅提高。

像这样，实时而高效地管理利益链上的业务流程，不仅可以削减多余的工作，还能随着自动驾驶等新技术的出现，改变传统的物流形态。

物流

🤖 新机动力和新技术让配送手段向多样化发展。

🤖 使用无人机和配送机器人完成最后一公里配送。

41 【销售策划·验证】

关联顾客、陈列与商品 ID
优化宣传

实时匹配	协同/共享	物联网/通过自助服务实现自动化	个性化/定制化	动态需求预测/定价
MR化/Live化	OMO建议	XaaS	X-Tech	评分/信用评估
虚拟化身/代理化	多端化	无缝支付	智能镜应用	城市智能化

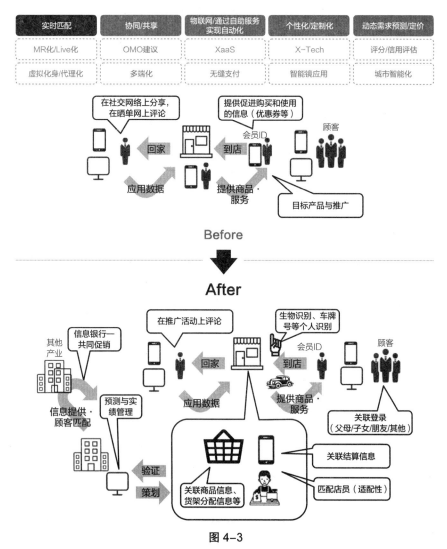

图 4-3

将顾客 ID 应用到市场营销中，已经是现代商业的基本常识。不仅是个人属性信息，还可以提取消费行动等信息，同时对照社交网络上的信息，根据顾客类型开发迎合其目标的商品和服务，通过恰当的渠道（店铺等）和价格提供给顾客。这就是销售策划的基本。

今后，关联顾客 ID 的识别信息系统将进一步发展。顾客使用无现金结算时的信息、面部和指纹等生物识别信息、移动信息（车辆号牌、座位编号）、家人、朋友、同伴的相关信息和店铺内摄像头识别到的移动场所（店外招牌→店内）、购买商品或服务时浏览过的商品（店内摆设、商品货架分配等）、关联购买商品的嗜好（商品 DNA）等也可以单独与顾客 ID 相关联。也就是说，可以将顾客 ID、货架分配 ID 和商品 ID 关联起来，自动优化销售策划。

进一步讲，还可以关联推广措施和推广费用的预算和实际情况，以接近实时的状态（实际为每日频率）展开分析和验证，翌日则将商品或服务的需求反映在销售策划中。然后，追踪各个 ID 在这一连串流程中的情况，积累"哪种措施导致哪种结果"的案例，就能应用在下一次促销策划中。

另外关联购买路径到购买时的结算信息，还可以分析、评估没有走向结算的"Vioce of No Customer"（未购买者意向）。

根据这些验证的结果，可以匹配符合顾客体验的个人诉求工具和店员（工作人员 ID）适配性。从业者还可以根据"属性—行动—关系"的信息来运作销售策划的 PDCA 循环（Plan、Do、Check、Action），完成包含销售策划验证（评估和改善）在内的所有工作。

如果能够在顾客同意的前提下共享信息，还可以向其他从业者提供他们想要的验证信息。各产业从业者联合起来，就有可能实现"信息银行"的构想。由此，就可以在顾客同意分享行动踪迹（购买信息等）之后，与有利顾客的其他产业匹配，共同实施销售策划。

【新·顾客战略要点】

销售策划·验证

🤖 关联顾客 ID 的识别信息系统进一步发展，优化推广活动。

🤖 能够分析、评估 "Vioce of No Customer"（未购买者意向）。

---

42 【广告制作】

AI 生成广告词
为每个用户提出最佳诉求方案

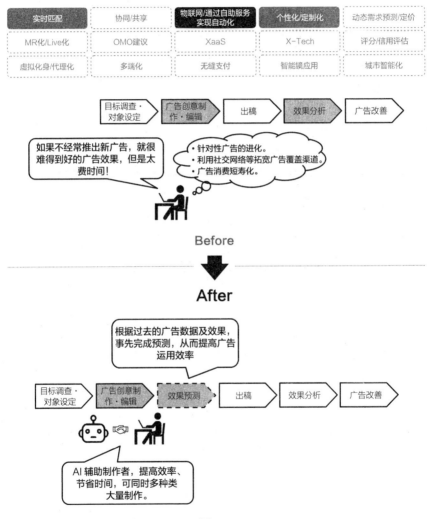

图 4-4

AI 也渗透到了广告界。特别是网页广告的亲和度极高，在日本也开始了 AI 辅助的广告自动化服务。比如，传统的网页广告需要根据投放者设定的目标，由广告代理店制作横幅和文本，最后生成视频广告等多样的广告表现形式，从而完成广告创意。出稿后，还要根据 AB 文本等效果检测结果进行 CTR（点击率）和 CVR（转换率，也就是成功引导至商品购买、资料索求、会员注册等活动的比率）的改善，这就是普通的广告制作流程。

基于属性和检索历史等制作的网页目标广告已经处在接近自动化的状态。然而，能够使用的广告种类有限，且广告效果测定只能在投放广告后进行。

另外，创意图像和广告词等文本都需要创作者制作，更改和替换都需要花费很多时间。

今后，人工进行的创意工作将可以得到 AI 辅助，通过匹配来大幅减少广告创意制作和编辑的时间，从而使多种类大量制作成为可能。换言之，针对单独用户生成各具特色的广告表现将会变得更加容易，广告的展示方式也可以进行个性定制。比如广告图像，可以进行黑白风格或插画风格的转换编辑，还可以识别广告图像内的人物姿势，检索姿势相似的其他人物画像自动替换，在每一个图层上添加新设计要素时，还可以预测和提议最佳匹配。灵活运用 AI 的辅助机能，可以让广告制作变得更有效率。

对于与广告图像 / 视频合并使用的文本文案，AI 也可以从画像或视频中读取广告意图，提出符合目标诉求的广告文案。

具体来说，它可以根据电子商务网站商品名称自动生成可成为检索关键词的标签，然后自动生成以网页为对象的检索联动型广告词表述。有了这样的 AI 辅助，可以更高效地构建素材库和系统，并且通过新的表达手段，获得更好的广告效果。

在广告的效果测定方面，它还可以在投放广告前动态预测各个创意的 CTR 等主要指标，从而评估广告品质，选择合适的投稿对象，改善广告运用的实绩。

将来，广告还可以完全由 AI 制作。在广告中应用 AI 的案例有 2018 年下半年美国汉堡王公司实施的实验项目"Agency of Robot（AOR）"。这个项目意味着传统的"Agency of Record（投放者指定的广告代理店）"逐渐转向"Agency of Robots（机器人代理）"，先让 AI 学习数千条快餐广告视频和广告报告，然后创造出符合广告视频的脚本。最后完成的视频成为全球第一条 AI 制作并公开的广告，然而其成品惨不忍睹，让人深刻感觉到了人与 AI 合作的必要性。可是在不远的将来，AI 能够辅助的范围和精确度将进一步提高，可以期待更好的成品效果。

【新·顾客战略要点】

广告制作

🤖 AI 辅助创作者提高效率，使多种类大量制作成为可能。

🤖 AI 单独制作的广告也会增加，且精确度逐渐上升。

43 【促销】

现实与虚拟的边界消失
一切与顾客的接触点都能成为宣传切入点

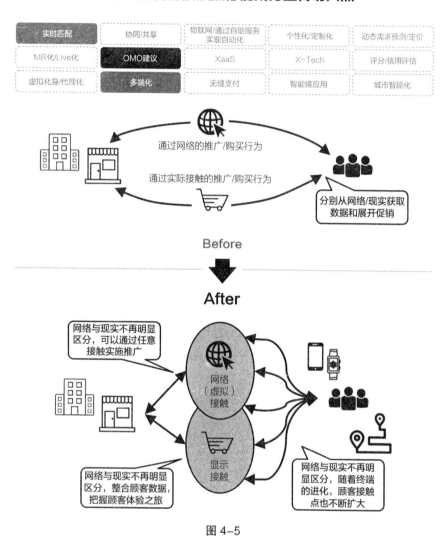

实时匹配	协同/共享	物联网/通过自助服务实现自动化	个性化/定制化	动态需求预测/定价
MR化/Live化	OMO建议	XaaS	X-Tech	评分/信用评估
虚拟化身/代理化	多端化	无缝支付	智能镇应用	城市智能化

通过网络的推广/购买行为

通过实际接触的推广/购买行为

分别从网络/现实获取数据和展开促销

Before

After

网络与现实不再明显区分，可以通过任意接触实施推广

网络
（虚拟）
接触

显示
接触

网络与现实不再明显区分，整合顾客数据，把握顾客体验之旅

网络与现实不再明显区分，随着终端的进化，顾客接触点也不断扩大

图 4-5

商品促销一直在走单独具体识别顾客的方向。从不区分顾客的大规模推广到区分性别和年龄层的人口统计学数据，再到按照行为学属性、心理属性来区分顾客，进而通过 ID 识别每一名单独顾客，或是按照推定的 One to One 展开推广。

另外，现在主要以 GAFA（Google、Amazon、Facebook、Apple）和 BATH（BIDU、Alibaba Group、Tencent、HUAWEI）这种被称为大数据或数据平台的企业为中心，应用个人属性信息和各种行动记录（检索记录、购买记录、发言记录、行动记录等）等线上能够获得的数据展开 One to One 的目标广告和商品推荐，以主要为线上推广针对个体进行优化的形式展开。

智能手机和平板电脑等数码终端已经融入了人们生活的方方面面。今后将进入消费者时刻联网的 5G 通信时代，正如从 O2O 进化而来的 OMO 概念所解释的那样，现实与虚拟的界限将无限接近消失，所有顾客接触点都能够成为推广和销售商品或服务的地点。

平台商可以整合每个人的多种数据，最大化顾客的 LTV（终身价值），在各种情景下进行适当的推广。比如在犹豫是否购买商品和服务的阶段，可以在顾客来到实体店的同时推送优惠券，或是在电子商务网页上弹出推荐。在购买前需要提高商品认知的阶段，可以推广朋友的评价和新闻，或是让实体店铺的商品说明更显眼。

如此一来，还能让可获取的信息范围变广。比如可以应用大容量、低延迟（响应快）的 5G 通信技术，根据可穿戴设备提供的身体数据（体温变化和心跳等）和智能手机可收集的环境信息（周围杂音和移动信息等）推测消费者所处的情况和心理状态，更准确地进行推广。

不管怎么说，随着推广精确度提高，就要更深入理解顾客，增加与顾客的接触点，提高可获取信息的质和量，并将其进一步整合。应用这些整合过的信息，可以在迎合个人情况（感觉好坏等）的时机卜提供符合个人喜好的内容（想知道的信息，可以改变心情的信息等），这点非常重要。

通过个人携带的设备（智能手机、平板电脑、智能眼镜等）和可视化的交流工具（电子公告板、数字广告牌、车内广告等），也就是迎合顾客接触点（现实与虚拟双方的接触点）提供推广信息，将有可能完成顾客满意度更高的促销。

【新 · 顾客战略要点】

促销

🤖 不分虚拟和现实，通过所有顾客接触点实施必要的推广。

🤖 不分虚拟和现实，整合顾客数据，把握顾客体验度。

44 【积分·优惠券·支付】

自动选择最佳支付手段
社交网络虚拟货币支付成为可能

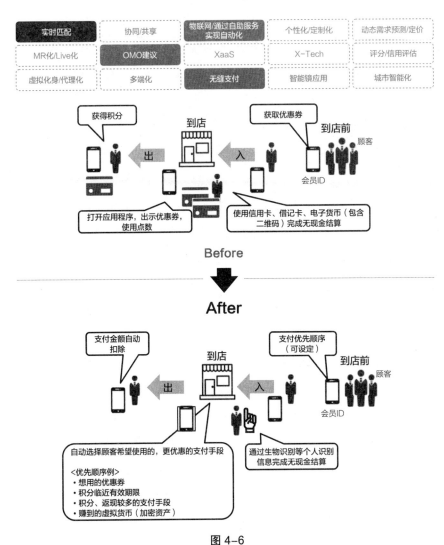

图 4-6

在日本，随着政府导入无现金支付返点和个人ID积分制，无现金支付得到大力发展。信用卡、借记卡、电子货币的无接触IC卡以及二维码（条形码）的支付已经普及。此外，作为鼓励支付的政策，当顾客出示点卡和手机应用或是使用信用卡结算时，可获得积分和事先取得的优惠券折扣等奖励。这些都需要打开应用程序向收银员出示，或是扫码读取，耗费一定时间才能获得积分或使用优惠券。

今后的无现金结算手段将不局限于卡、无接触IC和应用程序上的二维码，还可以使用面部或指纹等生物识别信息完成结算。

不仅如此，自动选择用户最佳结算手段（手机钱包或二维码结算应用程序）的功能也将登场。

比如，在使用关联二维码的信用卡结算时，若是积分很多或临近失效期，可以优先使用积分结算，并且实时推荐，无须浪费时间即可选择。另外，还可以自动获取顾客想用的优惠券并用于支付，或是自动选择获得积分最多的结算手段。

除此之外，还可以通过现实或网上的活动信息，自动选择活动期间获取积分或返现最多的结算手段。另外，还可以根据每个顾客的短期或长期意向及资金紧张程度，分别设定返现时间和返现额度。不仅是结算，平台化的各类交易和服务的起点——"超级应用"的发展进程也将进一步加速。

而且，虚拟货币（加密资产）也有可能成为结算手段。虚拟货币的价格起伏剧烈，一直被认为很难用于结算，但目前正在开发能够让价格保持稳定的"稳定数字货币"。通过与美元的适当交换减小价格变动，并且基于 AI 计算，适量调整稳定数字货币数量，将其与美元的价差控制在上下几个百分点以内的方法也正在开发。社交网络上的虚拟货币（例如脸书币）也使用了稳定数字货币，因此有希望成为结算手段的选项之一。

【新·顾客战略要点】

积分·优惠券·支付

🤖 面部和指纹等生物识别手段普及，促进无现金支付发展。

🤖 自动选择最实惠的支付手段，向超级应用程序的方向发展。

45 【客服中心】
跟进销售系统高速发展
要求与资源的最佳匹配

实时匹配	协同/共享	物联网/通过自助服务 实现自动化	个性化/定制化	动态需求预测/定价
MR化/Live化	OMO建议	XaaS	X-Tech	评分/信用评估
虚拟化身/代理化	多端化	无缝支付	智能镜应用	城市智能化

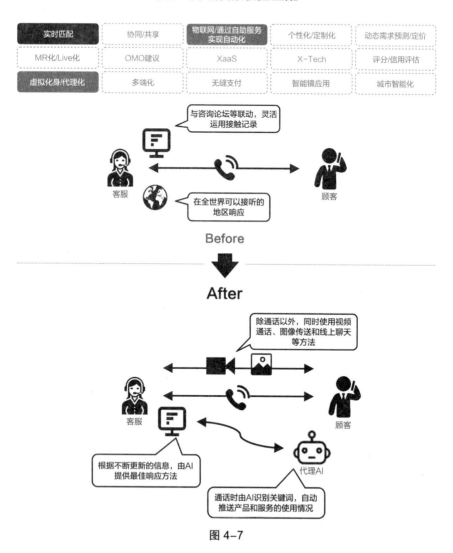

图 4-7

作为能够与顾客直接对话的少数接触点之一，客服中心一直备受重视。近年来，客服中心的操作精度变高，不仅能够响应全国各地，还分布到具有时差的国外地区，实现24小时随时响应。另外，自动语音应答（IVR）也使模式化的响应实现了向自动化的转换。

进而，对顾客响应信息的管理也发展起来，不仅是过去的通话记录和连接，还能够通过语音识别时刻分析来电者的情绪，随时判断通话个体的正面与负面反应。这些由直接对话产生的信息，全都可以应用在营销活动上。

今后，随着AI与5G的发展，为了完善符合顾客希望的售后跟进销售系统的高速发展，人力资源将会优化且自动匹配。而且，其接触点之一就是客服中心。作为如此重要的顾客接触点，客服中心的应用可以考虑几个方向。

第一，在语音对话的同时，增加可获取的信息。现在，金融等机构已经开始应用视频通话，然而在处理一些咨询或投诉时，针对不希望露面的顾客，还需要使用别的方法。

例如，可以通过智能手机一边对话一边拍摄并发送照片。若咨询的是一款产品，则可以将产品连接网络，在通话过程中同时发送产品诊断信息。当然，还可以从FAQ（常见问题及其回答）中选取最佳答案给顾客。

第二，顾客响应的精确度将提高。在客服中心普遍使用来电自动语音响应的装置，但是一边回答问题一边按键的操作既花时间又烦琐。此时可以构建一个机制，当顾客讲述完来意后，AI自动进行语音和关键词识别，匹配合适的负责人员，或是结合产品购买记录和网页浏览记录等信息，推测顾客的来电目的，再匹配合适的负责人。

第三，客服中心除了专职人员，还可以灵活运用产假或育儿假中希望短时间工作的人或是希望兼职工作的人。将这些人力资源全部动用起来，可以根据来电顾客的属性和服务记录，实时自动匹配具有相应技能的客服。

第四，将来电信息与合适的负责人共享，以及以单一顾客为单位整合信息的机制也将变得十分重要。

普遍来说，致电客服中心的消费者都是对产品和服务有要求（包含投诉），或是希望咨询后购买的热心用户。因此，他们的意见和咨询内容不应该只应用在售后服务中，还应该反映到产品策划和设计，甚至更为细化的维护工作上。在与顾客产生接触前或产生接触之后，都能灵活运用到这些信息。可见，这是一种具有价值的顾客活动。

【新·顾客战略要点】

客服中心

🤖 通话中，AI提取关键词，自动推送产品和服务的使用情况。

🤖 根据不断更新的信息，由AI提出最合适的解决方案。

46 【客户支持】

自动响应不断完善，发往适配设备
通过图像、声音、视频采集并活用客户信息

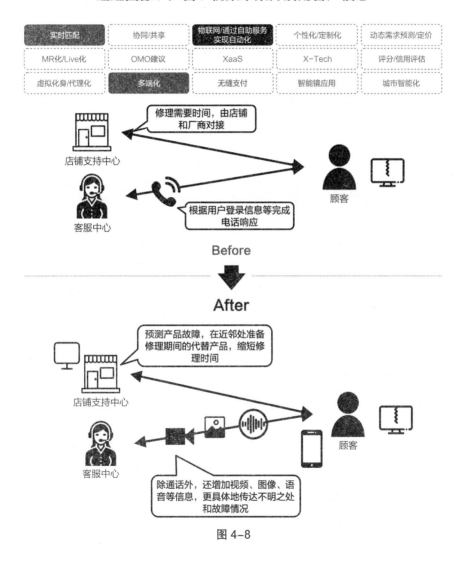

图 4-8

产品的客户支持主要是在使用方法和故障修理方面的联系窗口，普遍渠道为送至店铺、寄送厂商和电话咨询。近年来，还可以在网页咨询窗口填写咨询事项，确认内容后发送。除了FAQ，还可以通过网页上的聊天工具完成客户支持，可见咨询方式已经向多样化发展，更加方便顾客使用了。

今后，随着 AI 和 5G 的发展，针对顾客的咨询，将可以根据顾客持有的终端（智能手机、个人电脑等），自动匹配响应，向顾客提供网络上现成的回答或是实时回答。致电客服中心的咨询也一样。咨询和联系客户支持，意味着顾客存在某种需求，如果能够做出合适的响应，可以提高顾客忠诚度或是促进其换新的需求，因此在营销方面是重要的接触点之一。要提高顾客满意程度，关键在于尽量快速地给出正确的回答，因此客户支持的自动化、半自动化将会不断发展。

只要尽可能完善 FAQ，顾客的大部分问题就能参照 FAQ 给出回答，因此 FAQ 的可视性（图像、影像化）和检索性的提高已经越来越得到重视。而且，半自动化响应越来越倾向于应用聊天机器人，与自动 QA 引擎及后台的人工客服对话，能够获得即时性的响应。

尤其在应对故障和问题时，向顾客推送多种信息的机制正在推广开来。除去客服中心，传统的客户支持基本都是填写表格或发送电子邮件，主要以文字通信为中心，但仅凭文字很难准确传达情况和需求。于是，除了通过物联网直接从产品处获取信息之外，现在通过 LINE 等即时通信应用，以图像、语音、视频等形式收集顾客产品情况的相应方式越来越多了。

为了把握过去的使用记录和使用情况，还可以考虑收集顾客在推特或 Instagram 等社交网络上传的照片等信息。对厂商来说，这样不仅可以更准确地了解产品故障情况，还能把握其使用情况，从中发现新的使用方法，应用到下一次策划中。或是发现需要注意的点，将其添加到产品说明书中。

另外，向顾客反馈客户支持收集到的咨询最终如何体现并应用在产品整体，还有可能进一步提高顾客的忠诚度。

【 新·顾客战略要点 】

客户支持

🤖 预测产品故障，在顾客附近准备修理期间的代替产品，缩短修理时间。

🤖 推送视频、图像、语音等信息，更具体地传达不明之处和故障情况。

47 【用户验证（问卷调查）】

通过行动观察等收集资料的手段越来越重要
广泛收集直观感受

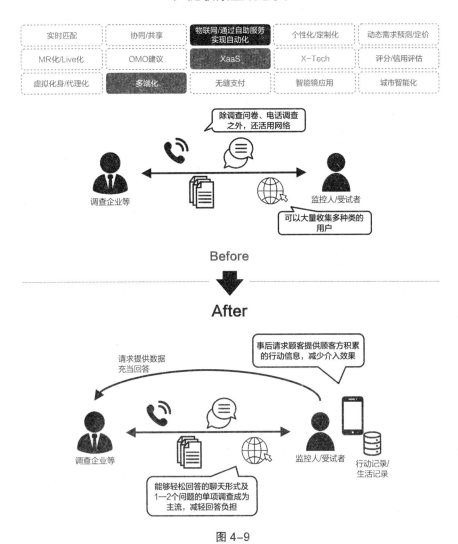

图 4-9

供方（企业角度）获取用户信息的一个传统方法，就是问卷调查。从一开始的纸质问卷，发展到网络问卷，继而进化为推特和脸书上的用户C2C问答，不仅开始提供对用户友好的交互界面，还制作了能自己设计提问的表格。

这些问卷样本（回答者）在营销初期设立假说时开展的集体采访中，也被称为真实受试者。

可是，问卷调查存在种种限制。例如，企业对顾客展开问卷调查的行为本身就会多少改变顾客的行动，将不一定能够文字化的行为强行文字化，往往会招致顾客的敷衍，使问卷调查失去了意义。

今后，为了让用户更直观地表达情况和感想，应用LINE等社交服务，通过对话形式减少负担的半自动问卷调查可能成为调查的主流。此外，输入文字和选择都难以避免繁杂，转而使用智能手机拍摄图像、视频，或是录制语音并发送，能够使回答难度下降，从而帮助收集更为多样的数据。

不仅如此，还有可能克服样本数量不足的问题。大型调查公司通常以会员的形式管理数万名问卷监控人，但今后如果能应用社交网络，或是从用户的行动记录展开推测，就能更轻易地从基数更大的人群中提取样本。

在用户验证时极力避免接入这方面，通过数字工具随时收集数据的行动观察会变得越来越重要。例如在SaaS（软件服务）领域，无须专门询问使用情况和感想，只需获取连接数据，即可自动推断顾客的行动和使用感。

另外，还可以请顾客在使用后以某种形式推送家电传感器或智能手机连接数据的一部分内容，在顾客主观意识到用户验证之前，通过自然的数据来推断商品和服务的使用情况。

【新·顾客战略要点】

用户验证（问卷调查）

🤖 以对话形式减少负担的半自动问卷调查将成为主流。

🤖 通过数字工具随时收集并应用数据的行动观察等将越来越重要。

48 【顾客信息管理】

个人数据的"活用"与"保护"
代理服务商发展起来并与行政合作

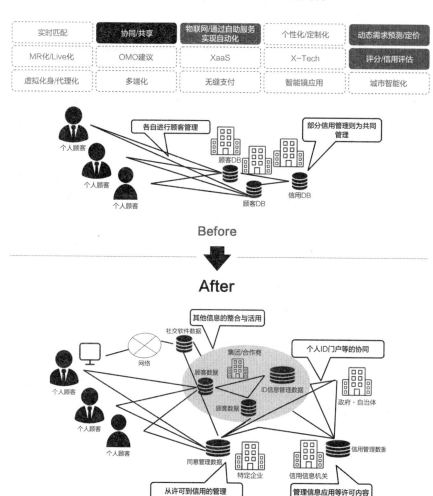

实时匹配	**协同/共享**	**物联网/通过自助服务实现自动化**	个性化/定制化	**动态需求预测/定价**
MR化/Live化	OMO建议	XaaS	X-Tech	**评分/信用评估**
虚拟化身/代理化	多端化	无缝支付	智能镜应用	城市智能化

图 4-10

所有企业都在以某种方式管理着顾客信息。尤其在提供收费、结算服务时，会根据顾客的费用滞纳等实用信息和可结算金额（年收入等），设置一定的信用范围（可延期付款的额度等）。

金融服务和移动电话企业还有明确本人身份的义务。基本来说身份冒用导致风险越高的行业，身份确认的认证级别就越高，因此也存在银行等将高级别 ID 信息与其他行业协同，在登录时简化身份确认程序的服务。而且，Trust Dock 和 Merpay 等也开始提供代理身份确认的服务。

2018 年 5 月，欧盟的"普通数据保护规则（GDPR）"开始生效，"保障个人掌控自身数据的权利"这一概念开始遍及世界。个人信息需要个人（顾客）主观同意（明确表明许可）方可使用，在营销过程中，如果需要应用或共享信息，需要事先获得顾客许可，并基本以企业为单位管理顾客的授权信息。

今后，除了普通属性和行动等顾客信息，顾客的特性（通过工作方式、交友关系等预测现金流）信息也将进一步得到应用。届时，Mercari 等企业的 C2C 服务所收集到的分散的个人评估和社交网络等社群（人际关联）信息（例如"评估结果低的滞纳者的朋友很可能同样有滞纳行为"等）将会进一步集中起来，并且转化为评分。这种信息的应用也会随之发展，自动动态评估信用信息将成为可能。因此，与之相应的信用范围也将产生动态变化。

只不过，单独一个企业将很难管理这些信息，随着顾客信息（ID信息）的质与量的增长，代理管理业务的企业将逐渐发展。特别是此前一直从事代理服务的企业将成为管理主体，不仅管理信用信息，还能提供从身份确认到信息应用、共享许可的管理服务。

这些管理企业有可能是既存服务中认证等级较高的企业（例如银行等金融机构），也有可能是集团企业，等等。

与此同时，希望使用顾客信息的那些企业（其他金融机构、基础建设单位、会员运营企业、共享经济相关从业者等）也将出现，在营销活动中适当使用这类服务。

希望应用信息的从业者可以与管理企业合作，减轻各种服务的繁杂管理负担。此外，申请房屋贷款或搬家时，需要收集或更新各类资料，如果将这些与个人ID门户（政府运营的线上服务）联动起来，就能一站式完成。

在获得顾客同意的前提下，从业者负担得到减轻，从而尽量简单地实现顾客的需求。这就是顾客管理形态的进化方向。

【新·顾客战略要点】

顾客信息管理

🤖 动态管理各类评估和社交网络转化而来的评分制信用信息。

🤖 随着顾客信息（ID信息）质与量的增长，代理管理企业将变得越发重要。

49 【财务】

通过 AI 分析出差的"经济效果"
加强了作为战略提示部门的作用

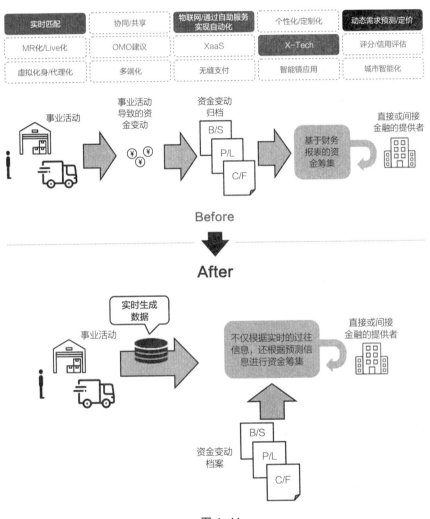

图 4-11

在处理企业内部经费方面，巧妙运用现在智能手机上用于拍摄发票、读取交通类电子货币使用情况的应用程序和软件，可以提高输入数据的效率。基于输入内容的财务分类选项提示，也成了辅助财务、会计业务（Fin-Tech 之一）的工具。

在这些技术支持下，到导出财务表格为止的工序自动化所带来的实时和短期化正在发展。而且，随着经费处理的实时和短期化程度提高，还能减少运营资金的浪费，避免不必要的资金筹集。

数据输入和分类辅助这些数据"整理"方面已经得到了长足发展，今后的重点将会变成如何"活用"数据。

例如，可以分析某个员工出差后产生的经济效果。另外，除了可以检知不正当消费，AI 还能提示重复支出和更有效的资产运用方式。

而且可以想象，类似于现在的注册会计师认证制度，将来可能出现"能够正确完成会计工作的 AI"的认证制度。如此一来，从业者将会负责检查财务分类结果。

这样能够使财会业务的附加价值提高，并且能够对财务报表进行预测，进而逐渐提升精确度。因此，不仅能够实时导出过去的实绩，还能在需要时做出精确的未来预测。发现资金需求时，也能直接或间接向金融机构或投资者传递信息。

如此一来，资金筹集也能变得比以往更迅速。其结果就是，让资金筹集更加游刃有余的机制构建将会进一步发展。

财务

🤖 财务业务的附加价值提高，财务表格的预测精确度提高。

🤖 迅速把握资金需求，及时向银行传达信息等成为可能。

50 【人事】

通过 AI 判定晋升与升级
"AI 应变能力"成为评估的重要项目

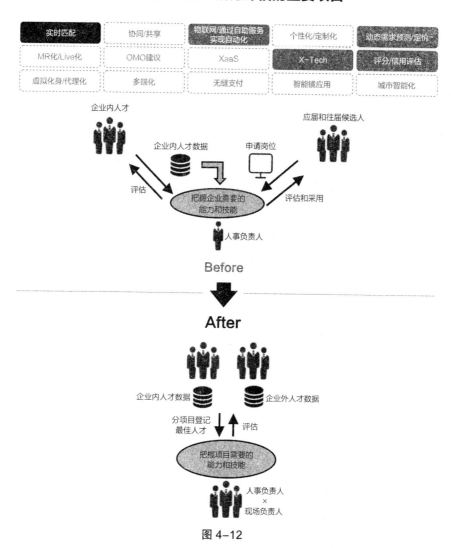

实时匹配	协同/共享	物联网/通过自助服务实现自动化	个性化/定制化	动态需求预测/定价
MR化/Live化	OMO建议	XaaS	X-Tech	评分/信用评估
虚拟化身/代理化	多端化	无缝支付	智能镜应用	城市智能化

企业内人才

应届和往届候选人

企业内人才数据

申请岗位

评估

把握企业需要的
能力和技能

评估和采用

人事负责人

Before

After

企业内人才数据　　　　企业外人才数据

分项目登记
最佳人才

评估

把握项目需要的
能力和技能

人事负责人
×
现场负责人

图 4-12

人事方面有许多人工的响应和业务，不过在招聘和认识评估、调动、升迁方面，已经开始实施输入文本和成果数值的自动分析。人事负责人设定企业对人才的需求，招聘时由 AI 自动解析简历和业务情况数据，进而筛选出符合条件的人才。

　　在人事数据库方面，已经可以通过 HR-Tech 对员工之间的匹配度进行分析。另外也存在内定人员推辞岗位的预测情报遭到利用，从而形成社会问题的事例。

　　今后，随着技术变化和竞争环境的变化，企业对人才的技能需求也会不断变化，想必会从长期聘用持有某种特定技能的人才转变为根据需要灵活聘用外部人才的方向。开放式创新与联合办公等政策将会进一步推广。

　　此时，依靠人事负责人对外部人才进行能力评估和管理就会变得十分困难，因此在对包含外部人才的人才网络展开分析时，AI 的应用也会逐渐发展起来。届时将会由 AI 分析各种人才的技能清单和过去业务相关的申请信息以及社交网络信息，对每个人的特征及技能做出评分，再通过 AI 分析评分数据，提议待办业务的最佳人才选项（不分年龄长幼，包含企业内部被埋没的人才以及外部人才）。另外，还可以根据季度、月度变动等实绩进行必要的人才预测，AI 在进入繁忙时期之前及时提议。而且，不仅是应用在企业内的人才，还可以进一步与顾客、合作商等利益相关者展开合作。

在以往不被认为是脑力劳动的领域中，AI、机器人和RPA的应用也在加速。将来，与AI和机器人协同作业的技能将变得越来越重要，虽然不一定要达到构建模型或设定参数的等级，但人工配合AI和机器人的行动调整自身行动的情况将会增加。也就是说，将来不仅是对人的交流能力，尤其是对AI的交流能力也会受到重视，并且有可能出现相关技能的开发和评估制度。

【新·顾客战略要点】

人事

🤖 在人才网络（包含外部人才）的分析方面，AI将进一步得到应用。

🤖 AI根据业务内容和作业量推荐最合适的人才。

PART

5

数字营销 2.0 的
思维方式

● 网络实体化社会的改善循环

[智能手机普及已 10 年，接下来该做什么？]

  智能手机已经普及了 10 年。在此期间，市场营销等领域的数字化和数据收集应用的发展极为显著。今后，物联网终端和下一代通信技术将使得现实社会的各种活动数据被时刻观测、收集，积累起时间和空间解析度极高的现实社会大数据。

  以现实社会大数据为基础，机器学习、AI 主导的可以预测、模拟现象的计算模型构建等将成为可能，如此一来，或许就能实现在数字空间中对现象进行高速计算，完成比现实更快速而广泛的模拟。

  待到 AI 技术真正应用到社会上，在各种场面发挥作用，减少现代社会中潜藏的不确定性，就能降低风险和成本，同时增加利益。换言之，未来将会发生现实空间的活动被数字化，与网络空间融合的社会和生活的变革。那是一个信息系统与社会、每个人融合的时代，可以在现实生活中时刻观测并灵活运用大数据。

  在社会进一步数字化、网络实体化的时代，大数据及学习大数据的 AI 将会与服务、应用程序一同发展。为了增长用户眼中的价值，必须尽早展开具体的社会应用实验和验证，完成改善路径，并将其保持下去。

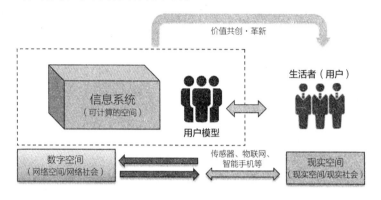

图 5-1　社会的网络实体化

[下雨的休息日，什么顾客会到店里来？]

在此之前，因特网带给产业的影响已经十分巨大。其中最大的影响，就是通过 ID 关联用户在网络上的点击记录和购买记录等数据，并基于那些信息来优化服务和物流，降低风险和成本，提升利益和生产性。许多传统产业都是供方向需方单方面反馈，而有了网络的反馈系统，需方也可以向供方循环信息，这就是变化的本质。

在网络现实化的社会，供方通过需方的反馈理解需求和情况的方法依旧十分重要。不仅是顺向的产品供应链，还要根据产品使用现场发生的现象，收集可循环的大数据，以重要对象为目的变数，以说明变数的关系为结构完成模型化。如此一来，就可以构建需方的反馈系统，也就是需求链，从而大幅改变传统的供应链一边倒的产业结构。

随着网络普及而急速成长的亚马逊通过分析数据把握了什么样的人会购买什么东西，并根据这些信息优化物流和商品采购，用更合理的价格上架销售，从而获得竞争优势。它不仅局限于传统的提高生产力和降低价格的手段，还通过亚马逊服务在网上生成的购买记录和浏览记录信息构建了需求链，得以预测每个用户的单独需求，优化提供商品的价格。它会将商品推荐给高度评价其价值的消费者，同时也提高了需求预测及控制的精确度。

像亚马逊这样基于大数据，积极处理用户信息的循环型价值链无疑将成为今后获取竞争优势的关键。例如亚马逊无人便利店便是无须在收银台支付即可出店的创新型店铺，也是收集、分析、活用了大数据的循环型价值链之一。

进入电子货币普及、无现金支付的发达社会之后，以往依靠现金交易无法实现的事情也将成为可能。现在，用户的ID、结算时间、地点等都会被记录下来，随着产品的物联网化发展，产品操作信息也将被记录下来，而随着医疗、健康服务的物联网化发展，诊疗记录、检查记录和看诊记录、医药品购买记录等数据都会作为个人健康记录（PHR），有可能得到关联并活用。

当然，个人隐私的保护十分重要，但只要是通过大数据提取相似案例，作为信息群集来收集的微观汇总数据，就无法回溯到个人源数据，可以放心共享。它不仅可以应用在糖尿病重症化预防等健康护理领域，还可以通过群集单位的应用，有望解决以往极为困难的金融数据、保险数据等行业数据的整合问题。

如果以群集为单位进行汇总，必然存在信息流失的风险，但这一问题并非无法解决。使用概率潜在语义分析（PLSA，Probabilistic Latent Semantic Analysis）这种方法，可以制作信息量高的群集，用以预测什么人会买什么东西。这样既可以减少信息流失，又可以应用在微观汇总和交叉汇总数据上。顾客在超市选择购买商品时，会受到个人生活方式的影响，因此可以制作信息量高的顾客群集以供预测。

应用这些信息将有可能提高营销效果，降低成本。例如，通常下雨天顾客到店率会下降，但分析发现，夫妻双方都有工作、生活较宽裕的顾客群体在周末时会表现出与其他群体相反的倾向。由于顾客工作日忙碌，只能在周末集中采购，或是有条件开车出门采购，休息日即使下雨，到店率也不会下降的店铺正在增多。因为即使在顾客可能减少的日子，特定顾客群的到店率和人数会增加，店铺可以根据这个信息调整商品进货和销售措施，提高营销效果的期待值，减少机会损失和不必要的成本。

● 实现数字营销 2.0 的两个要点

[开创想象的理念]

新的世界往往以人的想象为出发点。AI 和 5G 等新技术的应用也不例外。最重要的就是提出构想，开创想象。

要开创想象，就不能局限于技术性的单一视角，而要从多个视角对事物进行观察。通过零基思考看到"天马行空"的整体形象，横向串联各种事物的思考方式必不可少。有了多视角的观察，就能随时重构想象世界。

图 5-2 展示了重构的概念。纵轴相当于改变视角，横轴相当于在那个视角中提高生产性（例如企业提高收益）的过程。横向发展（提高生产性）固然重要，但那始终只是单一视角内的改善，很难发挥出破旧立新的创造性。

此时，重构就变得非常重要。吸纳各种人的各种看法，从而改变视角，进行重构，就能催生出新的创意和灵感。为此，就必须具备促进开放式创新的环境（情景或场景）。

但是，纵轴方向的飞跃并不简单，因此要在重视横轴方向发展的同时，找准纵横之间的平衡。

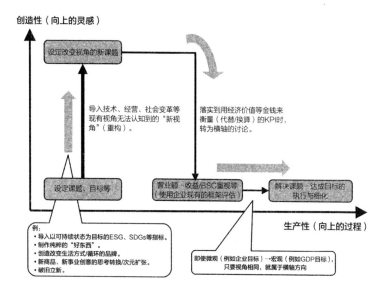

图 5-2　生产性、创造性

[应对"依旧存在的课题"]

　　无论技术和商业模型如何发展，市场营销始终要面对"依旧存在的课题"。

　　"依旧存在的课题"之一，就是要应对人的感情、其背景处的价值观、贫富差距等数据很难捕捉到的个人差距。在网络现实化的社会，单独消费行动背后的这些因素也将更容易分析。然而，AI 无法做到跟人一样的认知，也不存在意志和人格，如果完全依靠它，必然无法应对问题。也就是说，即便时代背景和环境发生改变，促生人类本质的感情、欲望的价值观带来的课题依旧存在，仅凭 AI 很难解决。

但是反过来说，这个课题正是市场营销发挥作用的地方。在数字营销 2.0 的时代，AI 可以自动完成数据分析，使营销得以将精力集中在"依旧存在的课题"上。因此，只要展开落到实处的市场营销，应该就能更有效地解决课题。

亚马逊之所以受到消费者支持并发展壮大，其根本原因在于创始人杰夫·贝索斯以"全球最注重顾客至上的公司"为目标，彻底推动了顾客价值的提升。由此可见，有了尝试理解人类感情和价值观的意识，就有可能实现高概率、高精度的市场营销。

"依旧存在的课题"之二，就是在 AI 应用方面的企业意识和环境转变。日本企业在应用 AI 之前，"未系统化""无法应用信息通信技术""商业模型、服务和业务未经整理"等问题一直被忽略，往往达不到"AI Ready"（随时可以导入 AI）的状态。

在这种情况下，一旦导入 AI 成为目的，就会导致混乱。因此，在企业应用 AI 之前，首先需要做一次彻底的自我审视。

"依旧存在的课题"之三，是个人信息及隐私的保护问题。应用 AI 和 5G 的数字营销中，大数据的收集、分析、活用是重中之重。而这些数据当然都与个人信息紧密相连。

应用个人信息基本都以个人主观同意为前提。即使获得同意，若是为了使用服务而不得已的同意，都属于通过明显对用户不利的方法强行获取，极有可能无效。这个问题的详细情况交由专业书籍来阐述，但不可否认，它是个无可避免的问题。

为了解决这个问题，就需要与实时管理同意信息的从业者展开合作。正如前文"顾客信息管理"一节的阐述，单一企业进行个人顾客信息的管理将会越来越困难，因此随着顾客信息的质与量的增长，代行管理的企业将会越发受到重视。希望使用顾客信息的企业可以根据顾客的同意情况，从管理者那里获取顾客信息，正确应用在市场营销活动上。如此一来，就能省却复杂的授权管理。

后　记

在本书探讨的 5G×AI 时代，通过创造价值，能够解决各种各样的社会性课题。例如，它可以应对日本正在面临的巨大社会问题。尤其在人口减少趋势难以遏止的情况下，AI 可以通过网络实时分享人口，进行人才匹配。如此一来，有能力的人才、已经退休的高龄人员、结婚或生育后的女性也能进一步为社会做贡献。在商业方面，还能促使产品策划者与支持者之间的新联系。

待到这种情况普及，非常驻型人才、享受多面人生的兼职者或自由职业者将会增加，人生或许能变得更加丰富多彩。此外，还可以避免轻率移民，进一步活用有技能的移民。

事业难以为继的许多地方优秀企业可以在全国范围内匹配适合企业的商务人士，并且长久保持事业发展。如果个人遇到原因不明的疾病，也能够活用医生和健康管理人才的智慧，从而延长生命，治愈疾病。

都说现在是人生 100 年的时代，但在今后，高龄者有质量的晚年生活有可能得以进一步延长，过上健康长寿，而非卧床不起的生活。在育儿和看护方面遇到困难的人，不仅可以借助他人的智慧和知识，还能在情况演变为放弃育儿或自己累倒之前，更早地得到志愿者的帮助。关系疏远的50岁儿女与80岁父母或许能够更快发现彼此共同的兴趣，及早展开交流，避免悲伤的结局。

不仅是现代人与人之间的交流，AI还能够让亡故的人或宠物在当下重现，让思念他们的人得到再见一面的机会。如此一来，回想起亲密之人的教诲和与爱犬的感情，或许能让人们再次露出笑容。这些方法，或许能够让幸福与感恩的接力棒越传越远。

除了人才，其他事物也都被连接起来，从而有可能促成全新的变革。可见，AI并不会单纯地夺走人的工作，而可以利用它创造新的价值。

5G不仅能够实时传输高像素信息，还能充分酝酿气氛，制造临境感。这样不仅是摆脱了现实空间和时间的束缚，也能促进新价值的创造。要充分应用AI技术，也需要这项能够尽量减少空间和时间隔离的技术。

最后，"创造机制，促进形成无须促销也能畅销的场景"是市场营销的目的，而下一代的数字营销，也就是数字营销2.0自然要拥有更高的目标，也就是"创造机制，让连接自然形成"，换言之，就是高概率、高精度地实现本书列举的各种事项。如此一来，它就能够成为让大家获得幸福的触媒，在商业方面，也必然会产生畅销的机制。

致　谢

　　感谢野村综合研究所的森田哲明、牧野茂树、今泉晴喜及相关人士参加了相关项目，共同探讨 AI（以及 5G）的应用。同样，也要感谢原野村综合研究所的田丸悟郎。另外，还要感谢参加了相关项目的产业技术研究所的各位人士。

参考信息

AI 的概念电影

出处

AIST（日本国立研究开发法人产业技术综合研究所）/

NEDO（日本国立研究开发法人新能源·产业技术综合开发机构）

① *AI for your life*《在生活中普及的人工智能》

（2023 年预想：应用 AI 的生活·社会概念电影）

② *AI：Dynamic value creation*

（2023 年预想：应用 AI 的产业创造·事业合作概念电影）

③ *AI for the Future of our Traditon*

（2023 年预想：应用 AI 的社会资本积累概念电影）

作者介绍

安冈宽道

日本野村综合研究所（NRI）顾问事业本部所长，Ph.D.（中小企业管理咨询师）。

日本庆应义塾大学理工学部、同大学研究生院理工学研究科硕士、同研究生院系统设计管理研究科博士（系统设计管理学 / 综合社会文化）。

一度从 NRI 离职，先后担任史克威尔线上事业部主任、安达信会计师事务所经理，后再次加入 NRI。目前担任立命馆大学经营管理研究科客座教授、高知县产学官民连携中心（高知县·大学等连携协议会）土佐 MBA［经营战略课程］监修讲师。2020 年 4 月出任明星大学经营学部教授。另外，还历任内阁官房、总务省、经济产业省、农林水产省、高知县等委员，东京大学研究生院信息学科、庆应义塾大学文学部、驹泽大学经营学部、第一工业大学工学部、横滨商科大学商学部讲师（兼职）等。

专业覆盖经营·事业战略、顾客战略、数字营销、新事业立项等。另有会员服务、ID、积分、结算、e 商务、事业战略等领域的著作。

〈负责执笔〉

前言、第一章、第二章、第三章 13［移动通信服务］、15［外教课程］、19［养老·护理］、20［医疗机构］、21［保安（面向普通顾客）］、22［自动售货机］、23［停车场］、32［金融（个人融资）］、35［房产中介］、36［经营顾问］、37［研讨会、讲座］、第四章 41［销售策划·验证］、44［积分·优惠券·支付］、48［顾客信息管理］、第五章［实现数字营销 2.0 的两个要点］、后记、整体编辑。

稻垣仁美

日本野村综合研究所（NRI）顾问事业本部副主任顾问

美国加利福尼亚大学洛杉矶分校（UCLA）经济学学士。

专业包括能源（石油 / 电力 / 燃气）、交通、移动、城镇建设（区域振兴）领域中的事业战略、顾客战略、数字营销、新事业立项和推进等。

以音乐家身份为女性乐队"Last Piece"创作原创乐曲并担任吉他主唱，参加现场表演活动。

〈负责执笔〉

第三章 01［零售商店］、03［时装］、12［加油站］、17［美容（护肤、化妆）］、18［健康管理服务］、27［能源设备］、28［电力系统]、30 [意外保险]、第四章 40 [物流]、42 [广告制作]。

木之下健

日本野村综合研究所（NRI）顾问事业本部主任顾问

日本东京大学经济学部硕士。

进入 NRI 后，从事面向国内外企业和政府部门的顾问和调查活动。

专业包括结算与投资等金融事业战略策划、以数字体验领域为中心的顾客战略策划等。另有众多相关演讲和论文。

〈负责执笔〉

第三章 02 [百货商店・大卖场]、05 [运动・娱乐]、06 [娱乐设施]、07[酒店・铁路・航空]、08[入境旅游]、09[外卖・配送]、16 [服务业（按摩、保洁等）]、24 [汽车]、25 [家电产品]、31 [人寿保险]、33 [金融（企业融资）]、34 [资产运用]、38 [公共服务（社会保障、税务）]、第四章 39 [商品策划・开发]、49 [财务]、50 [人事]。

松村直树

日本野村综合研究所（NRI）顾问事业本部副主任顾问、Ubie 公司事业开发负责人

日本东京大学工学部硕士。

专业包括经营・事业战略、业务改革、AI 应用事业立项、

DX 战略·企划立项等。

〈负责执笔〉

第三章 04［餐饮店］、10［出租车］、11［快递］、14［教育服务（补习班、预科班）］、26［定制品（住宅或汽车等）］、29［农、林、水产］、第四章 43［促销］、45［客服中心］、46［客户支持］、47［用户验证（问卷调查）］。

本村阳一

日本产业技术综合研究所（AIST）人工智能研究中心首席研究员 / 概率模型研究组长、统计数理研究所客座教授、东京工业大学研究生院特定教授、神户大学客座教授，Ph.D.

进入通产省工技院电子技术综合研究所，担任信息科学部信息数理研究室研究员。阿姆斯特丹大学招聘研究院。历任 AIST 信息处理研究部门主任研究员、数字人类研究中心主任研究员、服务工学研究中心大规模数据模型研究组组长、研究中心副主任、信息技术部门副部长、人工智能研究中心副主任。也历任服务学会理事、行动计量学会理事、人工智能学会理事、人工智能学会评议员等。获得 DoCoMo 移动科学奖、IPA 未开发软件超级创作者等奖项。专业包括人工智能技术、概率模型技术、智能系统。

〈负责执笔〉

第五章［网络实体化社会的改善循环］

デジタルマーケティング 2.0 AI×5G 時代の新・顧客戦略

版权登记号：01-2021-1071

图书在版编目（CIP）数据

5G × AI 时代：生活方式和市场的裂变 / (日) 安冈宽道等著；吕灵芝译.
-- 北京：现代出版社, 2021.5
（精英力系列）
ISBN 978-7-5143-9103-9

Ⅰ. ①5… Ⅱ. ①安… ②吕… Ⅲ. ①第五代移动通信系统 - 影响 - 经济 - 通俗读物 ②人工智能 - 影响 - 经济 - 通俗读物 Ⅳ. ① TN929.53-49 ② TP18-49 ③ F-49

中国版本图书馆 CIP 数据核字（2021）第 044560 号

DIGITAL MARKETING 2.0 AI× 5G JIDAI NO SHIN KOKYAKU SENRYAKU
written by Hiromichi Yasuoka, Hitomi Inagaki, Ken Kinoshita, Naoki Matsumura, Yoichi Motomura
Copyright © 2020 by Hiromichi Yasuoka, Hitomi Inagaki, Ken Kinoshita, Naoki Matsumura, Yoichi Motomura. All rights reserved.
Originally published in Japan by Nikkei Business Publications, Inc.
Simplified Chinese translation rights arranged with Nikkei Business Publications, Inc. through The English Agency (Japan) Ltd. and Shanghai To Asia Culture Co., Ltd.

5G × AI 时代：生活方式和市场的裂变

著　者　[日]安冈宽道　稲垣仁美　木之下健　松村直树　本村阳一
译　者　吕灵芝
责任编辑　赵海燕　王　羽
出版发行　现代出版社
通信地址　北京市安定门外安华里 504 号
邮政编码　100011
电　话　010-64267325　64245264（传真）
网　址　www.1980xd.com
电子邮箱　xiandai@vip.sina.com
印　刷　三河市宏盛印务有限公司
开　本　880mm×1230mm　1/32
印　张　7.25
字　数　121 千字
版　次　2021 年 5 月第 1 版　2021 年 5 月第 1 次印刷
书　号　ISBN 978-7-5143-9103-9
定　价　49.80 元